家居色彩宝典
卧室篇

数码创意 编著

U0352330

中国纺织出版社

内容提要

在家居装修中，对于色彩的把握与选择是十分重要的。本书以卧室的装修布置为例，通过八种常见的不同装修风格(沉稳、纯净、靓丽、自然、浪漫、混搭、温馨、豪华)的举例说明，以大量的图片展示和详尽细致的文字说明，向您诉说在家居装饰时，所要注意的色彩搭配要点。

针对这八种不同的装修风格，本书又通过每章四小节的叙述，从家具设计、墙面地板、布艺搭配以及装饰品样式等多个方面，为您提供了详尽的装修方法，帮助您科学合理地完善家装。

图书在版编目（CIP）数据

家居色彩宝典. 卧室篇 / 数码创意编著. -- 北京：
中国纺织出版社，2012.8
　　ISBN 978-7-5064-8402-2

　　Ⅰ. ①家… 　Ⅱ. ①数… 　Ⅲ. ①卧室—室内装饰设计—色彩学 　Ⅳ. ①TU241

中国版本图书馆CIP数据核字（2012）第046058号

策划编辑：安茂华　　责任编辑：彭振雪　　责任印制：刘强

中国纺织出版社出版发行
地址：北京东直门南大街6号　邮政编码：100027
邮购电话：010-64168110　传真：010-64168231
http://www.c-textilep.com
E-mail:faxing@c-textilep.com
北京佳信达欣艺术印刷有限公司印刷　　各地新华书店经销
2012年8月第1版第1次印刷
开本：889×1194　1/16　印张：10
字数：94 千字　定价：39.80元

家居色彩宝典
卧室篇

目录
CONTENTS

第一章 沉稳色系装扮卧室空间

第二章 纯净色系装扮卧室空间

第三章 靓丽色系装扮卧室空间

第四章 自然色系装扮卧室空间

第五章 浪漫色系装扮卧室空间

第六章 混搭色系装扮卧室空间

第七章 温馨色系装扮卧室空间

第八章 豪华色系装扮卧室空间

第一章 沉稳色系装扮卧室空间 ↘

卧室相对来说都是需要营造一个安静的环境，所以在色彩的选择上要尽量避免过于强烈刺激的颜色和过于昏暗的色彩。例如，卧室中的衣柜、床头柜等与墙壁使用同样的中间色调会让卧室显得宽敞明亮。

沉稳色系的卧室多选用黑色、蓝色、褐色等偏凝重的色彩来打造，但这些颜色过于冰冷，缺乏温馨感，难以使人放松，这是由于色彩十分纯粹，带来强烈的冷淡感。所以可以在不影响整体深冷型的简约、时尚风格的前提下，在浅冷型的色彩中挑选一种颜色来增加温馨感和松弛的氛围。

1.1 温情时光奢华品位

沉稳色系的卧室多用偏凝重的颜色，容易显得过于沉闷，缺乏温情，使人难以放松。这就要求在其他装饰物品上下点功夫，以便很好地中和深色调带来的沉闷不适感，只有达到了这种要求才可以放心地大面积使用深色调。

1 冲淡空间沉闷感

配色方案： 棕黄色①靛蓝色②浅驼色③棕黑色④

设计主题： 以沉稳色系靛蓝色为主的床背景墙，因有了和白色的参与，才显得不过于沉闷。

2 驼色壁纸打造温馨空间

配色方案： 深灰色①驼色②棕黄色③赭色④

设计主题： 卧室墙面的驼色壁纸装饰，为吊顶和地面的色彩搭配，做了过渡调和，由浅而深，使得整个空间沉稳且宽敞大气，令空间充满温馨感。

◀带有图案的褐黄色壁纸，做工简易，但不乏优雅感，装饰性极强。

3 沉稳雅致的卧室空间

配色方案：藏青色①黧色②淡赭色③灰色④

设计主题：卧室空间的色彩反差很大，凸显了藏青色壁纸的装饰效果，由它打造的床背景墙面，让空间显得沉稳了许多。

4 深浅色搭配的卧室空间

配色方案：深褐色①咖啡色②灰白色③

设计主题：卧室墙壁以深色为主，吊顶和地面的颜色较浅些，空间整体色彩搭配比例合理、宽敞、大气，给人舒适的视觉享受。

▼用沉稳色系装扮的卧室空间，可以使整个家居的风格充满温情。

5

5 打造灰色沉稳空间

配色方案： 灰色①黑灰色②昏黄色③赭色④

设计主题： 以灰色为主色调的卧室空间，淡雅、沉稳，给人一种宁静的感觉。

① ② ③ ④

6 打造舒适温馨空间

配色方案： 棕黄色①灰色②黑灰色③

设计主题： 棕黄色的墙面与灰色地面搭配得十分协调，简单舒适的感觉会让您那疲倦的身心在走进卧室的瞬间得以放松。

① ② ③

▼ 大面积地使用白色，小面积地使用浅灰色，使灰色成为亮点。用实木板打造的床背景墙，原色原味，装饰效果显著。

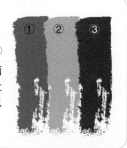

6

7 沉稳优雅的卧室空间

配色方案：棕黑色①绛色②缟白色③

设计主题：棕黑色背景墙搭配传统色系地面和床具，给人以沉稳优雅的感觉，返璞归真的色彩营造了一间雅致温馨的卧室，让烦躁的情绪稳定下来。

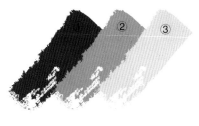

8 淡雅十足的卧室

配色方案：浅绿黄色①鱼肚白色②棕黑色③

设计主题：墙面、吊顶、地面色彩的浅淡，尽显沉稳色系打造卧室空间的独特效果。

9 恬淡优雅的卧室

配色方案：米黄色①咖啡色②棕黑色③

设计主题：咖啡色背景墙给人轻松愉悦之感，搭配米黄色墙面，恬淡、优雅，令人倍加舒心。

▼ 米黄色吊顶和黄色电视背景墙打破了空间的沉闷感，令空间多了一份温馨。

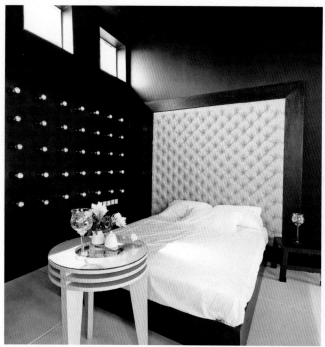

◀ 卧室的墙面和吊顶为单一的黑色，似乎是夜间最深处的那一抹黑，在这样的情境下，主人岂会产生不愿入睡的念头？

▼ 棕黄色墙面搭配棕红色地面，沉稳、优雅。透过窗射进来的阳光，映照着实木地面，令空间更加温馨。

10 青灰色打造素雅空间

配色方案：青灰色①土色②赭色③

设计主题：卧室空间因有了青灰色背景墙，才显得恬静雅致，多了一份沉稳感。背景墙面与地面的颜色非常搭配，给人自然爽快的感觉。

11 深浅色搭配的优雅空间

配色方案：深灰色①棕黑色②黑色③

设计主题：颜色相近的卧室墙面和地面搭配得非常协调，壁纸上的深灰色植物图案，为沉稳的卧室空间添加了一份情趣。

12 素雅且不失温情的卧室空间

配色方案：深橘黄色①浅棕黑色②灰白色③

设计主题：深棕色地面搭配灰白色墙面，当阳光照射在上面时，温情十足。橘黄色简易背景墙冲淡了空间的单调感，增强了空间的活跃氛围。

① ② ③

▼ 温情卧室空间，由深灰色壁纸和原色原味的实木全力打造，凸显不凡的装饰效果。

13 温馨优雅的卧室空间

配色方案：棕黄色①浅棕黑色②紫色③

设计主题：棕黄色墙面搭配紫色地面，沉稳、大气，温情十足。由颜色与墙面相近的实木打造的隔断，更令空间温馨、雅致。

① ② ③

1.2 内敛华贵的空间气息

沉稳色系的卧室家具给人以凉爽、镇静、内敛的感觉。尽管色彩世界绚丽多姿，但是在时尚界，被设计者们公认的"经典色彩搭配"却是简单的黑色与白色。但只用黑色，显得过于深沉；只用白色，又太过单调，将两者放在一起，就好比钢琴上的黑白琴键，相互搭配，弹奏出动人的变奏曲。无论使用哪种元素，黑白色彩搭配的装饰方法似乎已经成为理性的代名词，其实它也很大气。

1 素雅内敛的卧室空间

配色方案：灰白色①浅棕黑色②灰黑色③

设计主题：嵌入墙内的灰白色组合柜，与黑色地面形成完美搭配，素雅、恬淡，营造出主人不张扬的内敛型空间。

2 金色线条家具点缀内敛空间

配色方案：米黄色①棕黄色②金色③

设计主题：镶有金色线条的棕黄色家具点缀卧室空间，温雅、华贵，搭配深色地面，令卧室空间的华贵气息更加浓烈。

▼ 灰白色和黑色是装扮这个卧室空间的主色调，白色软包床点缀其中，成为这个空间的亮点。

3 温情十足的卧室空间

配色方案： 绯红色①灰红色②黄色③深红色④

设计主题： 卧室空间的床头柜，在灯光的映照下，尽显一抹绯红色，其鲜艳的绯红色令空间温馨了许多，搭配具有精美线条的铁艺床具，使得卧室在优雅中带着一点点华贵气息。

4 软包床点缀卧室空间

配色方案： 深红色①灰黄色②茶色③

设计主题： 皮质的深红色软包床，稳重、大方，与同一色的软包脚踏相匹配，体现出卧室空间的整体美。

5 铁艺床具点缀空间

配色方案： 青灰色①灰白色②黑紫色③

设计主题： 灰白色铁艺床具，线条优美，质感硬朗，点缀青灰色的卧室空间，使得空间在沉稳中散发着娇柔华丽的气息。

6 深红色家具点缀宽敞卧室

配色方案: 棕绿色① 深红色② 黑色③ 灰色④

设计主题: 深红色实木家具,质感硬朗,沉稳大方,搭配棕绿色、灰色墙面,凸显空间的沉稳感,装饰性强。

7 打造沉稳内敛空间

配色方案: 淡黄色① 橄榄棕色② 深灰色③

设计主题: 主人卧室家具布置简单,但不失优雅美观。橄榄棕色木材家具点缀浅色调空间,稳重、得体,与灰色软包床形成合理搭配,打造出沉稳内敛的空间。

◀ 白色床头柜和墨灰色软包床是最佳搭档。

▼ 棕色实木床具,厚实稳重,给人以无比的安全感。

8 优雅别致的卧室空间

配色方案：棕黄色①银灰色②棕红色③深绯红色④

设计主题：实木地板打造沉稳空间，点缀其间的棕黄色实木家具，清漆饰面，映着灯光，优雅别致，令空间更具温馨感。

9 优雅的黑白空间

配色方案：白色①浅棕色②黑色③

设计主题：白色软包床靠背，造型简易而独特，白色床头柜设置其上，与黑色墙面形成完美搭配，颇具视觉感染力。

10 素雅极致的卧室空间

配色方案：灰色①浅灰色②黑色③

设计主题：主人的卧室除了黑、白、灰三色，再别无它色，看起来似乎有些单调，不过一旦搭配适当，就能营造出不凡的卧室空间来。

11 淡雅的灰色调卧室空间

配色方案：灰红色①淡琥珀色②浅缃色③

设计主题：灰色床具点缀卧室空间，恬淡、雅致，搭配灰红色床头柜，协调、美观，具有独特的装饰效果。

12 卧室家具的黑白搭配

配色方案：赭色①浅橙色②明黄色③

设计主题：房屋主人的衣柜和床头柜黑白两色相间，心细的主人为了让卧室空间在整体上达到统一，特意在黑色床架上布置了白色床褥，凸显了空间的协调美观性。

13 卧室经典的黑色创意

配色方案：黑色①白色②枯黄色③

设计主题：黑色和白色搭配的床头柜、床具，点缀在枯黄色空间中，恬淡、雅致。与床头柜的黑与白、床具的黑与白以及黑色小桌与白色瓷杯的搭配，体现了空间色彩搭配的整体一致性。

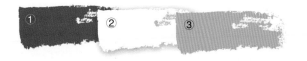

14 黑色床具装扮素雅空间

配色方案：浅灰色①浅褐色②黑色③

设计主题：造型独特的宽大的黑色床具，与小茶几置身一体，搭配镶有玻璃的大衣柜，使得整个空间无丝毫张扬的表情，加以外界光线的介入，令卧室空间更具温馨感。

◄ 大面积地使用乳白色，小面积地使用比较鲜艳的黄色，使之成为亮点，是使房间增色的很好方法。

15 黑色床具点缀白色调空间

配色方案：黑色①白色②棕黄色③

设计主题：白色调卧室空间古朴大方，美观的黑色实木床具，与简易背景墙的木雕饰品是同一材质，同一色调，沉稳、淡雅且协调、美观，装饰性与实用性兼具。

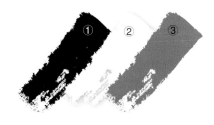

16 青灰色装点下的雅致卧室

配色方案：淡青色①灰色②黑色③

设计主题：此款卧室空间光线充足，白色作为底色的设计透亮、百搭，配以青灰色与黑色相搭的床上布艺，装饰效果格外的突出且雅致。

▲ 自然韵味浓烈的藤编书架，古色古香，是沉稳色系装扮的居室中不可缺少的家具。

◀ 黑色的镶嵌式衣柜，玻璃材质，色泽明快，与白色墙面形成完美搭配。

1.3 布艺装饰沉稳卧室

卧室的布艺可以通过色彩、图案和肌理的变化而成为展示自我的一个丰富元素。使用布艺的灵感可以来自床的造型，卧室的结构，你钟爱的沉稳型色彩等。卧室内的布艺装饰是一件你永远无法完成的作品，不断加入新的元素，它根据季节的变化、情绪的波动、居室空间的改变而永远保持新的面孔。

1 白色床品装扮米黄色空间

配色方案：金黄色①灰色②枯茶色③

设计主题：带有灰色图案的床单和抱枕点缀米黄色卧室空间，恬静、随和，凸显主人沉稳内敛的生活品位。

2 让空间多些咖啡味道

配色方案：深棕黄色①灰白色②赭石色③

设计主题：赭石色布艺，与灰红色布艺形成最佳搭配，点缀灰灰红色调空间，令沉稳空间更加恬淡、温和。

3 素雅布艺装扮沉稳卧室

配色方案：深茶色①暗紫色②白色③

设计主题：主人卧室的床上布艺用品的色彩比较单一，以白色、暗紫色为主，搭配得体，落地窗帘与床裙色泽一致，素雅无比，是这个沉稳空间的一大亮点。

4 银色抱枕装点沉稳卧室

配色方案：深紫色①棕黑色②灰色③

设计主题：银白色抱枕是这个沉稳卧室的一个亮点，它足以打破空间的沉闷感，但又不过于张扬。

▼ 深紫色抱枕，手感柔顺，颇具亲和力，点缀沉稳空间，令人倍感温馨与惬意。

5 黑色布艺点缀卧室空间

配色方案：灰白色①深红色②黑色③

设计主题：主人的黑色床上布艺点缀在白色调空间中，黑白分明，自然通透，颇具沉稳随和感，与白色枕头也搭配得十分得体。

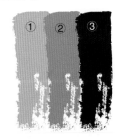

6 斑马纹布艺点缀卧室空间

配色方案：灰色①咖啡色②黑色③

设计主题：斑马纹布艺，黑色条纹与咖啡色床褥相搭配，成为沉稳卧室的视觉焦点。

7 黑色图案布艺装扮卧室

配色方案：灰黑色①灰色②黑色③

设计主题：带有黑色图案的白色床上布艺，图案精美，面料手感柔软，颇具亲切感，点缀沉稳卧室，令空间更具温馨感。

▶ 无论是带有花纹图案的抱枕，还是黑色抱枕，都给人一种沉稳感，让人安然入睡。

8 咖啡色抱枕点缀卧室空间

配色方案：米黄色①茶色②深绯红色③

设计主题：白色条纹非常流畅的咖啡色抱枕点缀沉稳卧室空间，冲淡了空间的沉稳气息，令空间多了一份柔情。

▶ 咖啡色床上饰品的图案精美无比，点缀在沉稳卧室中，令空间气息活跃了许多。

9 黑色盖被点缀卧室空间

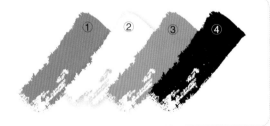

配色方案：灰青色①白色②茶色③黑色④

设计主题：黑色盖被点缀白色调卧室空间，大方、温雅，颇具沉稳感，搭配白色底黑色花纹抱枕，更令空间显得稳重大气，增强了空间的亲和力。

10 白色床褥点缀卧室空间

配色方案： 靛青色① 深茶色② 茶色③

设计主题： 靛青色与深茶色相搭配的床上布艺点缀沉稳卧室空间，优雅、美观，颇具装饰效果。

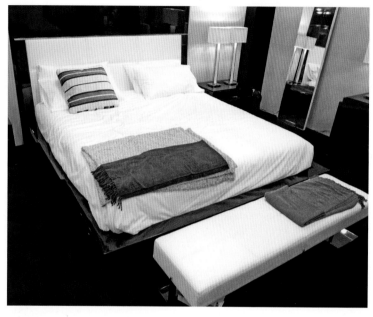

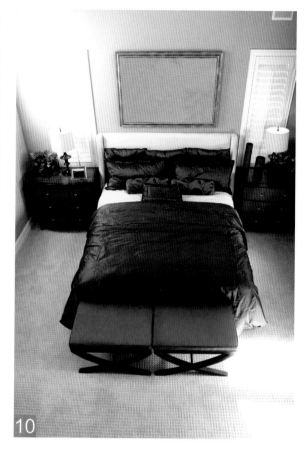

◀ 卧室主色调为黑白两色，最为显眼的就是床褥的白色，它打破了黑色地面占据大块面积的格局，凸显空间布置的和谐美。

▼ 带有银色花纹的被子，其华贵气息浓烈而不张扬。

▲ 灰黑色盖被搭配白色床褥，素雅、恬淡，凸显主人沉稳内敛的性格。

◀ 黑与白是最经典的搭配，永不逊色于其他色彩。

11 深枯黄色装点卧室空间

配色方案：深枯黄色①黑色②绯红色③

设计主题：深枯黄色床褥点缀沉稳的卧室空间，搭配黑色软包床靠背，减弱了空间的沉闷阴冷感，温和、优雅，使得空间有了丝丝暖意。

12 古朴雅致的卧室空间

配色方案：深枯黄色①深绯红色②棕黑色③

设计主题：深枯黄色床褥搭配深绯红色盖被，点缀沉稳卧室空间，古朴雅致，凸显沉稳内敛型主人的生活品位。

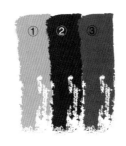

13 深靛蓝色窗帘装扮卧室

配色方案：棕黄色①绯红色②深靛蓝色③

设计主题：点缀沉稳卧室空间的深红格子和棕黄格子相间的床品，洋溢着温馨气息。搭配深靛蓝色落地窗帘搭配红色布艺座椅，沉稳、恬淡、随和，颇具亲和力。

1.4 沉稳卧室的装饰饰品

卧室是美妙梦境、异想天开的温床，是嫁接现实人生与臆想幻觉的催化剂。作为卧室里的饰品当然需要体现"卧"的情绪与美感的统一。通过饰品的沉稳的色彩、独特的造型以及艺术处理等，从而体现出舒畅、开朗、轻松、亲切的美的意境。常与人身体接触的饰品，应具有柔软舒适的触感，即便在人不易接触、抚摸的地方，也要让人感到温馨和高贵，令人随时有美梦成真的感觉，终能伴主人安然入梦，抵达心灵圣地和憩园。

1 古典台灯点缀卧室空间

配色方案：黑色①墨绿色②黄栌色③

设计主题：古典台灯的灯罩呈橙黄色，与卧室的墙面、绿植的色彩非常相配，古朴、典雅，是沉稳内敛卧室空间的一个亮点。

2 装饰画做简易背景墙

配色方案：深紫色①深棕黄色②黑色③

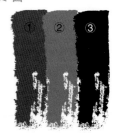

设计主题：人像油画装饰画，黑色木边框，非常适合与米黄色墙面相搭配。让装饰画充当这间卧室的背景墙，体现了主人简单、沉稳的生活品位，毫无张扬感。

3 白色挂饰品点缀卧室空间

配色方案：白色①灰色②米黄色③

设计主题：主人的卧室空间清亮、宽敞，两个工艺精美的白色挂饰品充当了简易背景墙的角色，颜色与墙面的浅蓝色非常相配，冲淡了地面的灰色和床上布艺的黑色带给空间的沉闷感，使得空间沉稳而不乏活力。

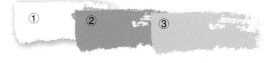

◀ 黑色竹节状花瓶点缀沉稳卧室空间，与墙面、床品等的色彩搭配得体。

▼ 精美灯饰品是这间沉稳卧室的一道靓丽风景，也为空间增添了温暖与温馨。

4 休闲恬静的卧室空间

配色方案： 赭色① 棕黑色② 白色③

设计主题： 主人沉稳卧室的木工艺品均为木制品，造型美观、独特，点缀白色调空间，雅致、淡然，营造出休闲、恬静的生活氛围来。

5 装饰画点缀卧室空间

配色方案：深褐色①灰绿色②棕黄色③棕色④

设计主题：棕黄色调卧室空间，因有了一幅大装饰画的点缀，便增强了视觉感染力。主人用三幅银色小装饰画装点简易的床背景墙，凸显了沉稳空间的主题。

◀主人简易床背景墙的装饰画，画面内容简单，底色与墙面颜色相近，凸显卧室空间的沉稳与和谐。

▼ 做工精湛的叶形挂饰品，底色与墙面相近，与侧面壁纸相呼应，体现出了沉稳卧室空间的整体美。

6 相框点缀卧室空间

配色方案： 褐色① 白色② 黑色③

设计主题： 褐色边的相框点缀沉稳卧室空间，素雅、恬淡，搭配黑白相间的台灯灯罩，协调、美观，装饰效果显明。

7 圆镜点缀卧室空间

配色方案： 棕色① 米黄色② 咖啡色③

设计主题： 大型的圆镜镶有咖啡色木质镜框，为壁炉做了最简易的装饰，成为沉稳卧室空间的主要角色。

8 工艺品点缀卧室空间

配色方案： 深驼色① 棕色② 灰白色③

设计主题： 抽象的灰白色工艺品点缀卧室空间，让人产生无限遐想，令这个沉稳的卧室充满了活力。

9 瓷瓶点缀卧室空间

配色方案： 黑色① 浅灰色② 灰黑色③

设计主题： 与储物柜颜色一致的黑色瓷瓶，雅致、风趣，加以黑色台灯的搭配，使得沉稳卧室空间的装饰效果丰富了起来。

▲ 主人布置在白色组合柜隔板上的灰色小宠物饰品，让沉稳卧室空间的气氛活跃了许多。

▶ 主人的台灯的造型颇为独特，底座与支架由从大到小的圆形灰白色石块组成，优雅、别致，让人回味。

10 灯饰打破空间沉闷感

配色方案：灰色①黑色②灰黑色③黄色④

设计主题：泛着黄色光芒的各样灯饰，打破了卧室空间的沉闷感。绿色植物映着灯光，散发着温馨的气息。

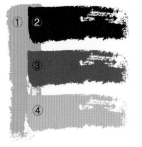

11 清新雅致的卧室空间

配色方案：红色①黑色②灰青色③

设计主题：大红色蜡烛式吊灯是这个沉稳卧室空间的一个视觉焦点，它冲淡了空间的沉闷感，添加了些许激情与活力。

第二章　纯净色系装扮卧室空间 ↘

现代年轻人喜欢用蓝色、白色、绿色、粉红色等纯净色系打造卧室空间，以体现自己独有的个性和生活品位。那么纯净色彩应如何搭配？布艺如何点缀才能体现出主人纯净的心灵？纯净的卧室空间应布置怎样的饰品？答案就在本章节中，请您细细品味。

　　由纯净色系打扮的卧室，一定是在你劳累了一天之后，所选的最佳的休憩之地。用卧室的纯净色彩来调节我们的心情是个不错的选择，比如，墙面淡淡的蓝色，总给人一种置身于海边度假的感觉。又如墙面壁纸的白底花纹，会让人在不经意间进入田园梦乡。

2.1　来自心灵的宁静

　　人们度过了年少轻狂的时节，便开始喜欢宁静的调子。家是一份平静如水的静谧之地，尤其是卧室，可以没有华丽的装饰，只求有一个凝聚着真挚和温馨的心灵居所。

1 纯净白色调空间

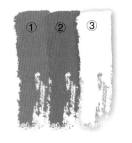

配色方案： 青灰色① 枯黄色② 白色③

设计主题： 白色调空间，宽敞、明亮，加以充足的阳光的映照，便增强了空间的纯净感。

2 浅绿色调纯净卧室空间

配色方案： 浅绿色① 驼色② 灰色③

设计主题： 浅绿色与白色相间的吊顶，映着顶灯和吊灯的光线，凸显纯净感，颇具视觉感染力。

◀ 灰白色卧室空间的装饰和家具布置富有雅致的经典时尚感觉，整体效果非常高贵、浪漫。

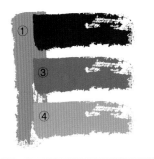

3 蓝色调卧室空间

配色方案：蓝色①褐色②深灰色③棕黄色④

设计主题：蓝色调卧室空间，给人清凉纯净之感。棕黄色地面，冲淡了空间的清凉感，令人倍感温馨。

4 温馨的卧室布置

配色方案：灰色①浅蓝色②黑色③

设计主题：此款卧室空间采用浅蓝色与棕色进行主要的色彩装扮，浪漫、温馨的装饰气氛油然而生，视觉效果显著。

▼ 浅绿色壁纸打造纯净卧室空间，清新、优雅，令人舒心愉悦。

◀ 主人的卧室墙面，用浅咖啡色和蓝色格子壁纸装饰，在台灯灯光的映照下，让整个空间显得纯净、清爽，令人欣慰。

5 卧室那片纯净的白

配色方案：白色①棕黄色②灰色③

设计主题：主人的卧室的墙面、吊顶的颜色均为纯净的白色，与灰色地面有着强烈的反差，让人容易忘掉地面灰色的存在。

6 纯净素雅空间

配色方案：灰色①白色②浅灰色③

设计主题：主人的白色调卧室空间，素雅、纯净，像盛开的棉花，让人感觉无比的温馨与惬意。

▼ 纯净的蓝色调床背景墙，中间因有了镜面的装饰，令空间更具清爽感。

7 青色调纯净卧室空间

配色方案： 黄色①青色②茶色③

设计主题： 主人的卧室空间清爽、宽敞，青色的墙面和白色的吊顶，给人无比的纯净感，装饰效果明显。

① ② ③

8 淡黄色调卧室空间

配色方案： 淡黄色①灰色②深茶色③

设计主题： 主人的纯净的淡黄色调卧室空间宽敞、明亮，搭配白色吊顶，令空间更具清爽感。

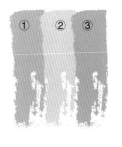

① ② ③

◀ 一片纯净的白，给人置身于雪原般的感觉。

9 纯净温馨卧室

配色方案：白色①棕黄色②蓝黑色③

设计主题：主人的卧室清爽、明亮，纯净色调的墙面，映着透窗射进来的光线，让整个空间充满清爽、温馨感。

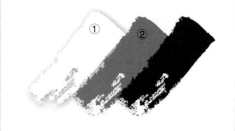

10 纯净优雅的卧室空间

配色方案：青色①驼色②淡绿色③灰色④

设计主题：主人的卧室用青色的壁纸做了装饰，给人以纯净优雅的感觉，搭配浅驼色地面，使得空间的多了一份温和、亲切感。

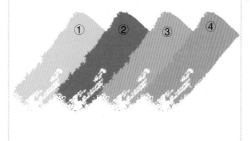

11 营造卧室纯净氛围

配色方案：白色①浅蓝色②棕色③灰色④

设计主题：主人的卧室古朴、恬淡、纯净，墙面用射灯装饰，效果非凡。冰清、透亮的墙面，营造出卧室纯净的氛围来。

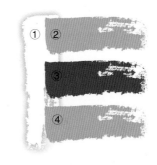

12 白色墙面打造纯净空间

配色方案： 灰色①白色②赭色②黄色④

设计主题： 主人的卧室清新、自然，外界射入的光线，经过白色墙面的反射，令整个卧室空间显得纯净、温馨。

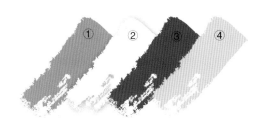

13 纯净明亮卧室空间

配色方案： 深橘黄色①黑色②灰色③

设计主题： 主人的纯净色调卧室空间为墙面的深橘黄色和地面的灰色，两种色彩搭配协调，视觉效果明显。

14 白与绿打造纯净卧室

配色方案： 绿色① 白色②茶色③

设计主题： 卧室的墙面上方为白色，下方为绿色，两色搭配起来显得格外协调。纯净的白、嫩嫩的绿，总是给人一种洁而无暇的感觉。

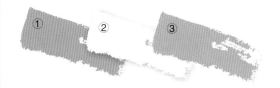

15 借光装扮纯净卧室

配色方案： 灰色①淡黄色②蓝色③

设计主题： 主人卧室的窗户，占据了墙面相当大的一部分，将外界夜色映入了室内，使得整个空间显得纯净而温馨。

2.2 明亮通透利落大方

　　置身在明亮通透、利落大方的卧室里，一定不会有太多的压抑感。如果房子里有一个偌大的落地窗，让外界的自然韵味透射进来，便是一种独有的享受。除此之外，纯净的白色、蓝色墙面也会给人一种无比的通透感，似乎自己就在碧清的水池中沐浴一般。

▲ 主人卧室的床头柜，灰白色与蓝色相间，与空间的其他色彩保持基本的一致性，凸显了协调美。

▼ 米黄色家具点缀纯净的青蓝色调卧室空间，清爽、明亮，令人舒心、愉悦。

1 地毯和抱枕装点素雅空间

配色方案：灰茶色①茶色②灰青色③

设计主题：主人的灰茶色床具、床头柜和收纳柜，与主体墙面色调一致，搭配灰茶色花纹壁纸，纯净、优雅，装饰效果明显。

▶ 主人卧室的床具、床头柜等的色彩，如雪一样白，给人一种身处雪地的感觉，凉爽、纯净，是炎热夏日的最好装饰。

▼ 主人卧室的家具的颜色与墙面色彩相近，呈纯净的浅红黄色，与室内其他装饰在色彩格调上呈一致性。

2 灰青色调卧室空间

配色方案：绿色①灰青色②棕黄色③灰黑色④

设计主题：主人卧室的小收纳柜、书桌和床具与墙面色彩一致，呈灰青色，体现了整体美。床具与绿色墙面的搭配，令卧室空间显得更加纯净。

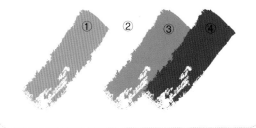

3 棕红色家具点缀纯净空间

配色方案：黑色①灰色②棕红色③

设计主题：棕红色床具点缀宽敞、明亮的纯净卧室空间，冲淡了空间的阴凉感，营造出了活跃的空间氛围。

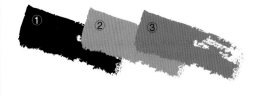

4 灰白床具点缀纯净空间

配色方案：灰白色①缟色②墨绿色③

设计主题：纯净的缟色调空间，宽敞、通透，灰白色的圆形床具点缀其间，并与贵妃椅相呼应，优雅、别致，颇具视觉感染力。

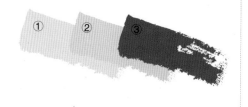

5 纯净恬淡的卧室空间

配色方案：灰色①黑色②灰白色③

设计主题：灰白色床头柜点缀纯净恬淡的卧室空间，素雅、清静，营造出易让人安逸入睡的休憩氛围。

6 深褐色家具点缀卧室空间

配色方案：灰色①深褐色②墨绿色③

设计主题：主人的卧室宽敞、明亮，有深褐色家具的点缀，使得纯净卧室空间多了一份温馨感。

▲ 卧室空间宽敞、明亮，颇具温馨感的棕色家具，是纯净卧室空间的一大亮点。

▼ 浅黄白色床具搭配深青色墙面，雅致、协调，与茶色衣柜相呼应，打造出纯净、淡雅的纯净卧室空间。

▲ 肉色红家具点缀卧室空间，温馨、舒雅，令人欢快、爽心。

◀ 主人卧室空间的家具与墙面都为灰白色，协调、美观，装饰效果明显。

7 纯净优雅空间

配色方案： 黑色① 象牙白② 红茶色③

设计主题： 点缀在卧室空间的黑色床头桌和棕色斗柜，优雅、风趣，令纯净空间的气息活跃了许多。

7

8 黑色家具点缀卧室空间

配色方案： 暗紫色① 黑色② 鱼肚白③

设计主题： 卧室家具的黑，是乌木本色，与卧室墙面的色彩非常搭配，是纯净空间不可或缺的装饰元素。

▶ 主人卧室的实木小边几，原色原味，由它点缀卧室空间，会令空间更具纯净感。

▼ 白色调多斗柜点缀灰色调卧室空间，优雅、美观，为空间增添了几分情趣。

9 白色家具点缀卧室空间

配色方案： 深灰色① 绿色② 灰色③

设计主题： 主人卧室的白色家具，附有金色图案和线条，显得富贵、华丽，点缀白色调纯净卧室空间，颇具温馨感。

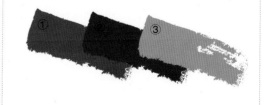

▲ 光线照在棕黄色与白色两色相间的家具和棕黄色地面上，令纯净卧室空间气息倍加温馨。

▲ 带有银灰色花纹的白色家具，是这间纯净卧室空间的视觉焦点。

◀ 淡黄色家具点缀纯净的灰色调卧室空间，淡然、恬静。

10 灰色家具点缀卧室空间

配色方案：青蓝色①灰色②浅黄色③

设计主题：主人的灰色家具在青蓝色墙面的反衬下，带着淡淡的青色，让人看起来更加纯净。

10

2.3 布艺装饰纯净卧室空间

纯净卧室布艺的色彩应较淡些，其上还可以附带些抽象的图案，以增强装饰效果。比如纯净的白底鲜花图案的窗帘，总是让我们容易进入田园之梦。还有蓝色的床褥、白色帷幔，总是让我们想起广阔的天空、纯白的云彩和静谧的海洋。尤其在炎热的夏季，用水晶蓝、米白色布艺还能带给我们丝丝凉意，打造纯净、清新宜人的卧室氛围。

1 白底花纹床褥点缀卧室空间

配色方案：灰绿色①深棕色②浅黄色③

设计主题：抱枕和部分墙面的灰绿色，以及带有花纹的白底床褥和窗帘，搭配组合得十分协调，凸显了纯净卧室空间的整体效果。

2 棕黄色图案床单点缀卧室空间

配色方案：褐色①棕色②浅茶色③

设计主题：主人的纯净卧室空间的床单，做工精美，其浅茶色底棕色图案，在床头灯的映照下，使得整个空间洋溢着浓浓的温馨气息。

3 深蓝色抱枕点缀卧室空间

配色方案：灰色①紫色②深蓝色③

设计主题：主人卧室的床上布艺的颜色有深蓝色、紫色和白色三种，最具代表性的是深蓝色抱枕，它与床背景墙的蓝色图案相呼应，令卧室空间更具纯净感。

4 靛青色花纹床品装扮卧室空间

配色方案：靛青色①灰色②黄色③

设计主题：主人的卧室宽敞明亮，透过窗的光线映照在靛青色花纹床品上，使得空间气息更加清爽，与白色蓝边窗帘相呼应，营造出纯净、清爽的空间氛围。

▼ 黑色、银灰色条纹抱枕搭配纯白色床褥，打造素雅纯净空间。

5 白底花纹窗帘点缀卧室空间

配色方案：白色①藏青色②蓝灰色③

设计主题：主人选用了与壁纸在色彩、图案上相近的窗帘，使得空间展现出了整体美，纯净、自然、清新，装饰效果明显。

6 灰绿色床品点缀卧室空间

配色方案：灰绿色①白色②灰色③

设计主题：颇具纯净感的灰绿色床上用品点缀卧室空间，清纯、优雅，与白色轻纱窗帘呼应成趣，有种清闲、淡然的生活韵味。

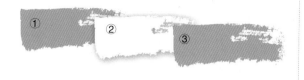

7 绿色抱枕点缀卧室空间

配色方案：缟色①绿色②白色③

设计主题：主人的卧室宽敞、通透，点缀纯净空间的绿色抱枕，显得非常抢眼，与其相呼应的白色轻纱落地窗帘映着灯光，令整个空间更具纯净感。

8 米黄色床上用品点缀卧室空间

配色方案：米黄色①白色②墨绿色③

设计主题：主人的卧室空间选用了个性独特的圆形床，置于床上的米黄色床上用品搭配白色床垫，温和、舒雅，营造出纯净、温馨的卧室空间氛围。

9 彩色条纹窗帘点缀卧室空间

配色方案：中绿色①粉紫色②明黄色③

设计主题：主人卧室绿意盎然，颇具纯净感。彩色条纹落地窗帘与绿黄床褥相呼应，营造出舒雅、温馨的空间氛围。

10 红灰色抱枕点缀卧室空间

配色方案： 红灰色①白色②灰色③

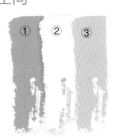

设计主题： 主人的白色调卧室空间宽敞、明亮，红灰色抱枕、白色床褥、灰色图案盖被点缀其间，打造出纯净、恬淡的卧室空间。

11 植物图案床上用品点缀卧室空间

配色方案： 红色①绿色②粉红色③

设计主题： 卧室空间的床上布艺均带有植物图案，形形色色，与墙面的花朵图案壁纸相映衬，令这个纯净的卧室空间多了一份自然气息。

12 红色系床上用品点缀卧室空间

配色方案： 紫色①白色②红紫色③

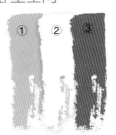

设计主题： 红色系床品点缀纯净卧室空间，增强了空间的温馨感，搭配白色床褥，形成纯净卧室的视觉焦点。

▶ 纯净的儿童房，床褥色彩靓丽，以粉色为主，是小女孩最爱的色彩。

◀ 主人的布艺床上用品以灰青色和白色为主，点缀灰绿色卧室空间，恬淡、雅致，令人欣慰。

13 白色盖被点缀卧室空间

配色方案：黑色①白色②咖啡色③

设计主题：白色盖被搭配黑色枕头，点缀纯净卧室空间，素雅、淡然，装饰效果独特。格子布艺软包床搭配白色盖被，营造出纯净、舒雅的卧室空间氛围。

14 灰色盖被点缀卧室空间

配色方案：老银色①褐色②灰色③

设计主题：主人的卧室宽敞通透、清新明亮，带有灰色图案的盖被与相近色调的窗帘相呼应，增强了空间的纯净感。

15 米红色条纹盖被点缀卧室空间

配色方案：米红色①赭石色②白色③

设计主题：米红色条纹盖被点缀纯净卧室空间，温雅、恬淡，搭配灰色地毯，给人温和、亲切感，成为这间简易卧室的视觉焦点。

▶ 白色调纯净的卧室空间，宽敞、通透，白色床褥与灰红色窗帘相呼应，协调、优雅，易让人安逸休憩。

▼ 白色帷帐点缀纯净卧室空间，营造出舒雅氛围。

16 灰青色抱枕点缀卧室空间

配色方案：灰色①白色②灰青色③

设计主题：主人的卧室通透、明亮，灰青色抱枕搭配白床褥、盖被，清爽、协调，与灰青色墙漆相呼应，营造出清幽、纯净的空间氛围来。

17 纯净青蓝小卧室

配色方案：蓝色①银白色②青绿色③

设计主题：蓝色布艺床上用品和窗帘点缀青绿色纯净卧室空间，清爽、自然，搭配白色床具，优雅至极，令空间更具纯净感。

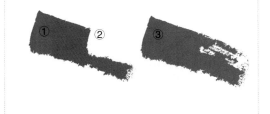

16

17

2.4 纯净卧室空间的装饰饰品

在纯净、恬淡的空间氛围里，若有几处活泼的元素，比如一两件装饰品，便能营造出更加温馨的睡眠空间，让人带着愉悦的心情，在这个冬季尽情享受更为温馨舒适的睡眠。纯净色虽然不够大胆、抢眼，甚至过于平淡，但是它清澈，有内涵，如海洋般散发出纯净深邃的迷人气息，令人无法抗拒。厌倦了激情豪放，就让我们选择纯净与恬淡，运用纯净的色彩与简单利落的样式，营造出简单但不失内涵的独特风韵。

1 淡粉色台灯点缀卧室空间

配色方案：灰色①淡粉色②黑色③

设计主题：主人的卧室空间，纯净、优雅，置于床头柜上做工精美的台灯，色彩淡雅，给人无比的无比的温馨感。淡粉色灯罩在光线的照射下，令空间更加纯净、通透。

2 装饰画装扮卧室空间

配色方案：棕红色①灰色②淡青色③

设计主题：纯净卧室空间，宽敞、大气，其间布置的灯饰、装饰画以灰色调为主，在空间整体风格上保持一致。

3 烛台点缀卧室空间

配色方案： 灰色①米黄色②黑色③

设计主题： 黑色烛台点缀灰白色调卧室空间，与台灯、工艺品、绿植相呼应，营造出纯净、清闲、优雅的空间氛围。

① ② ③

▼ 主人卧室的台灯灯罩的颜色与抱枕、窗帘下部分和地毯边缘等的色彩一致，呈绿色，这一点点的绿，让这卧室空间纯净了许多。

4 装饰画点缀绿色调空间

配色方案： 绿黄色①青绿色②黄色③

设计主题： 主人的绿色调纯净卧室给人激情与活力，加以小台灯的点缀和灯光的照射，使得空间的散发着浓浓的纯净、温馨气息。

① ② ③

5 挂饰品装扮纯净卧室空间

配色方案： 灰青色①深灰色②红色③

设计主题： 红色、绿色、蓝色、黄色等五颜六色的挂饰品点缀灰青色纯净卧室空间，营造出安然、愉悦的空间氛围。

① ② ③

▲ 淡黄色调卧室空间，清雅、明亮，墙面的彩色瓷器饰品，色彩艳丽，工艺精美，搭配银色梳妆镜，打造出纯净淑女屋。

6 编织装饰品点缀纯净卧室空间

配色方案：黄色①灰色②绿色③

设计主题：黄色调卧室空间，纯净、优雅，浅灰红色圆形编织装饰品，做了卧室的简易的床背景墙，雅致、风趣，凸显装饰效果。

7 瓷瓶点缀卧室空间

配色方案：淡紫色①灰绿色②灰色③

设计主题：灰绿色、灰色瓷瓶点缀白色调纯净卧室空间，与空间风格保持一致。床头柜上放置的花瓶与瓷瓶相呼应，打造出纯净、安逸的睡眠空间。

8 绿植点缀纯净卧室空间

配色方案：灰色①灰红色②蓝灰色③

设计主题：主人的卧室宽敞、明亮，绿植搭配灰红色花纹壁纸，优雅、温馨，令人愉悦舒心。

9 桃红灯罩点缀卧室空间

配色方案： 桃红色① 紫色② 绿色③

设计主题： 主人卧室空间的装饰色彩丰富多样，如桃红色、紫色、绿色等，但最显眼的，要算台灯灯罩的桃红色，在灯光的近距离照射下，为空间洋溢着纯净、温馨气息。

▶ 主人台灯的银灰色灯罩，点缀白色调空间，优雅、恬淡，颇具纯净感。

10 黑白色瓷瓶点缀卧室空间

配色方案： 黄色① 灰色② 棕红色③ 黑色④

设计主题： 纯净卧室空间，宽敞、明亮、通透，多斗柜和床头柜上放置的黑与白相间的瓷瓶，是这个空间最具装饰性的饰品。

▲ 创意独特的工艺品点缀纯净卧室空间，雅致、风趣，与台灯相呼应，打造出清闲、静谧空间。

▲ 大面积地使用乳白色，小面积地使用比较鲜艳的黄色，使之成为亮点，是使房间增色的很好方法。

▶ 优美迷人的瓶花搭配精美的银灰色圆形工艺品，令空间气息更加纯净。

11 情侣台灯点缀卧室空间

配色方案：绿色①黑色②缟色③

设计主题：主人的缟色调卧室空间的创意奇特，光线柔和的台灯，搭配绿植，纯净、自然、清新，令人爽心愉悦。

第三章　靓丽色系装扮卧室空间 ↘

不论是粉红色的甜蜜，绿色的温馨，橙色的温情或是蓝色的舒缓，只要将布艺、家具、墙纸以及装饰画等小饰品的色彩风格协调统一，便可以营造出一个让人倍感欢欣的靓丽的卧室空间。那么靓丽色系装扮卧室空间的细节之处应如何把握呢？我们就从下面4节中为你详细讲解。

　　色彩是大自然赐予我们的礼物，她让我们的世界变得丰富多彩，而靓丽的色彩总能让人眼前一亮。靓丽色与充满动感的花纹、条纹相结合，会激活沉寂的角落，让卧室空间的氛围倍加活跃，更有视觉冲击感。因此，有很多年轻夫妻会选用红色、蓝色、绿色、紫色等如彩虹般的色彩，点亮卧室空间。

3.1　绚丽多姿的粉嫩卧室空间

　　卧室里的粉嫩色彩，充满着清新的朝气与多姿浪漫，因为"粉嫩"代表着青春、稚嫩、浪漫、明媚、柔情、性感与美好。它无须过多色彩，仅仅一个色系就能传达丰富的空间表情。比如卧室墙面的粉嫩绿色，加上靓丽的花纹图案点缀，就像野外粉绿草坪上的点点馨香的花朵，在我们的生活世界里弥散着春天般的气息，让人觉得更加舒心愉悦。

1 茶色壁纸装扮卧室

配色方案：深朱红色①米黄色②茶色③

　　设计主题：带有精美图案的茶色壁纸装扮米黄色调卧室空间，优美、温馨，令人心情舒畅。

2 艳丽壁纸打造卧室空间

配色方案：深红色①深灰色②姜黄色③

　　设计主题：底色为姜黄色，带有灰色和红色花纹图案的壁纸，艳丽、生动，营造出激情、浪漫的卧室空间。

3.2 放松心灵的空间

经历了繁忙琐碎的工作后，人们开始渴望回归自然，以便将受压抑已久的身心彻底放松。卧室中那些颇具激情的红色、蓝色、绿色、紫色的各种装饰，如彩虹般靓丽，不管是为应和自己的心情，还是四季的变化，都营造出了别样的韵味。比如一张温馨而舒适的床，一个随你喜好的或松软或稍硬的床垫，一个触手可及的床头柜，搭配上这些靓丽的色彩，身心也在此刻得到彻底的放松。

1 乌木家具点缀卧室空间

配色方案： 乌黑色① 深红色② 浅绿色③

设计主题： 主人的卧室用具几乎全由实木打造，乌木茶几、床架、脚踏，点缀靓丽的卧室空间，营造出安逸舒心的空间氛围。

2 橘黄色家具装点卧室空间

配色方案： 大红色① 橘黄色② 黑色③

设计主题： 主人的白色调卧室，颇具温馨感的橘黄色家具，搭配色彩鲜艳的布艺，打造出优雅、靓丽的卧室空间。

▼ 茶色家具搭配色彩鲜艳的布艺，成为卧室空间中一大靓丽的视觉焦点。

3 绿色家具装点卧室空间

配色方案：绿色①黑色②深灰色③灰色④

设计主题：靓丽、充满生命力的绿色家具点缀卧室空间，温馨、惬意，令人欢欣。

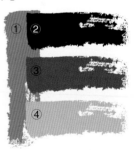

4 白色衣柜点缀卧室空间

配色方案：妃色①黄色②棕色③绿色④

设计主题：主人的卧室通透、靓丽，白色衣柜与色彩斑斓的布艺相呼应，营造出优雅空间氛围。

5 粉红色家具装点靓丽卧室

配色方案： 紫色① 粉红色② 紫红色③

设计主题： 粉红色与白色相间的衣柜、电脑桌、床头柜，搭配色彩丰富的地毯，打造出靓丽、优雅的卧室空间。

6 铁艺床具点缀靓丽卧室空间

配色方案： 熟黄色① 深红色② 浅棕黄色③

设计主题： 线条流畅的铁艺床具点缀米黄色调卧室空间，优雅至极，搭配色彩艳丽的布艺，与外界恬淡的自然色彩形成强烈的反差。

7 床头柜点缀靓丽卧室空间

配色方案： 粉红色① 茶色② 深红色③

设计主题： 茶色床头柜点缀米黄色调空间，协调、温雅，搭配艳丽的布艺，营造出温馨感十足的靓丽卧室空间。

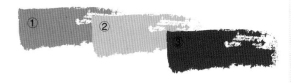

8 橘黄色衣柜打造靓丽卧室空间

配色方案： 鱼肚白色① 黑色② 橘黄色③

设计主题： 主人卧室的衣柜与部分墙面呈橘黄色，色泽靓丽，充满活力，散发着浓浓的温馨气息，与地面的咖啡色非常搭配，视觉效果显明。

3.3 布艺装饰靓丽卧室空间

　　靓丽的卧室空间少不了印花床褥、蕾丝花边帷幔、漂亮花朵图案的窗帘等布艺的装扮。比如，将卧室里遮挡阳光的单调的窗帘，换上带有漂亮花朵图案的窗帘，让你每时每刻都能闻到花的芬芳。再如，一张大大的火红色地毯，陪衬着火红色的床头装饰，加之橙色碎花落地窗帘，整体色调浑然一体，别有一番风味。

1 绚丽优雅卧室

配色方案： 紫色① 橙色② 红色③ 紫红色④

设计主题： 色彩艳丽的床上布艺，搭配红色小地毯，优雅、充满浪漫感，最具靓丽卧室空间韵味。

2 抱枕点缀靓丽卧室空间

配色方案： 橙黄色① 绿色② 蓝紫色③

设计主题： 主人卧室五颜六色的抱枕，各具特色，搭配原色木清漆饰面的家具，营造出典雅的靓丽卧室空间。

3 红色床布艺品装点卧室空间

配色方案：红色①黑色②绿青色③

设计主题：红色与黑色搭配的床单点缀卧室空间，搭配白色软包床，视觉效果非常明显，令淡雅的卧室靓丽了许多。

4 如彩虹般靓丽的卧室空间

配色方案：浅洋红色①蓝色②绿黄色③

设计主题：浅洋红色、蓝色、绿黄色等多种色彩条纹床单，如彩虹般靓丽，与墙面彩色条纹壁纸相呼应，营造出了舒雅的靓丽卧室空间。

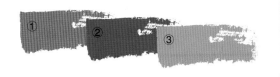

◀ 主人的卧室宽敞、通透，棕黄色床单搭配朱红色地毯，冲淡了白色调墙面给人的阴冷感，让人舒心愉悦。

5　创意脱俗靓丽屋

配色方案：橘红色①玫瑰红色②石榴红色③白色④

设计主题：主人卧室的盖被、枕头的颜色为石榴红色、橘红色、玫瑰红色、黑色和白色，创意独特，色彩艳丽，点缀白色墙面，营造出创意脱俗的靓丽卧室空间。

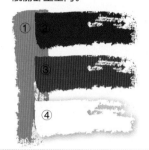

6　通透靓丽卧室

配色方案：酡红色①橄榄绿色②浅枯黄色③

设计主题：白色底酡红色花朵图案床单、枕头，搭配浅枯黄色窗帘，舒雅、悠然，打造出通透、靓丽的卧室空间。

7　充满激情的卧室空间

配色方案：蓝灰色①绿色②橘黄色③蓝色④

设计主题：橘黄色、橘红色相间的盖被，以及橘红色枕头，点缀淡蓝色卧室空间，协调、优雅，搭配米黄色底，橘黄、蓝、绿相间的小地毯，营造出充满激情的靓丽卧室空间。

8 带有丝丝温情的靓丽空间

配色方案：白色①靛青色②浅绿色③

设计主题：主人的白色、靛青色、浅绿色、棕色和茶色混搭条纹盖被，洋溢着丝丝温情，活跃了空间气氛，成为打造靓丽空间的主要装饰元素。

9 线条布艺装扮卧室空间

配色方案：浅茶色①深红色②棕黄色③

设计主题：清新又靓丽的线条色彩床品布置在深红色的卧室空间中，装饰效果十分的鲜明，清丽的色彩格外的出挑、亮眼。

10 古雅靓丽卧室空间

配色方案：橘红色①绿色②茶色③

设计主题：带有鲜花图案的床单、抱枕、窗帘，点缀卧室空间，与茶色墙面壁纸搭配得非常协调，打造出古雅的靓丽卧室空间。

▲ 布艺软包脚踏的艳丽图案，娇艳迷人，与鲜艳的红色抱枕相呼应，营造出优美、靓丽的空间氛围。

11 绿色系布艺装点卧室空间

配色方案：橄榄绿色①金绯红色②浅绛色③

设计主题：床头柜的围裙、床褥、抱枕，都带有绿色，搭配金绯红色底黑色花纹窗帘，优雅、靓丽，装饰效果明显。

12 橘黄色抱枕点缀卧室空间

配色方案：橘黄色①棕红色②深红色③

设计主题：橘黄色抱枕搭配白色床褥，优雅、清纯，与白色帷幔和橘红色落地帘相映成趣，悠然、温雅，颇具温馨感。

13 黄色抱枕装扮卧室空间

配色方案：棕红色①棕黄色②黄色③

设计主题：主人卧室的黄色抱枕，灿烂、明朗，颇具高贵感，与之相呼应的白色枕头，映着灯光，显出雪一样的白，明亮显眼，令人爽心悦目。

14 紫色抱枕装点卧室空间

配色方案：紫色①绿灰色②灰色③

设计主题：紫色抱枕搭配浅绿色、灰色抱枕，鲜艳色彩集于一处，与灰色调壁纸相呼应，在灯光的映衬下，显得非常靓丽。

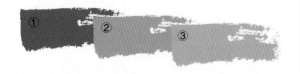

3.4 靓丽卧室空间的装饰饰品

　　不同风格的靓丽卧室有着的不同的空间氛围，或甜美或浪漫，但这一切都得依照主人的喜好而定，装饰画、工艺品的布置，以及与各种软饰品的搭配，都得大费心思。因为，卧室的每一个角落，每一个点缀和修饰都蕴含着主独特的品位。比如在床头柜上放上一款既靓丽又实用的玻璃樽饰品，一定会使整个空间蕴涵着沉静的气息。在墙壁上挂置一块造型独特的钟表，与玻璃樽相呼应，与傲然绽放的靓丽花朵彼此相依，便是一个温馨十足的靓丽卧室空间。

1 银色边框装饰画点缀空间

配色方案：紫红色①绿黄色②棕色③

设计主题：银色边框的装饰画点缀靓丽卧室空间，优雅、风趣，与之相呼应的放置在床头柜上的工艺品，也是靓丽空间的亮点之一。

2 鲜艳花卉点缀卧室空间

配色方案：灰黑色①橘黄色②深红色③浅绿色④

设计主题：主人的床头柜上花卉，色泽艳丽，可与装饰画上的花朵相媲美，与之打造出温馨的靓丽卧室空间。

3 玫瑰红床褥点缀卧室空间

配色方案：玫瑰红色①浅紫色②深灰色③黑色④

设计主题：玫瑰红色床褥在灯光的映照下，显得惊艳靓丽，是改变空间沉闷感，点缀靓丽空间的最佳选择之一。

4 粉色鲜花点缀卧室空间

配色方案：浅紫色①殷红色②绛紫色③灰色④

设计主题：粉色鲜花点缀明亮卧室空间，清雅、自然，与艳丽布艺相呼应，营造出优美迷人的靓丽卧室空间。

5 红色鲜花装点卧室空间

配色方案：酡红色①黄色②银白色③棕黑色④

设计主题：酡红色鲜花点缀在轻纱围拢的颇具神秘感的卧室空间，与火焰般灿烂的床单、盖被相呼应，热烈、激情，令人心情愉悦。

6 台灯点缀靓丽卧室空间

配色方案：棕黄色①棕红色②殷红色③

设计主题：两盏支架略有不同的附有米黄色灯罩的台灯，点缀优雅、靓丽卧室空间，灯光柔和映照在墙面，使得肉色墙面出现了一抹淡淡的黄。

◀卧室空间的艳红色鲜花，娇艳多姿，搭配白色床布上饰品，清纯、绝艳，给人一种艳丽而不炫耀之感。

7 精美顶灯点缀卧室空间

配色方案： 深绿色①浅洋红色②橘黄色③

设计主题： 绿色调卧室空间及精美的吊灯，将色彩斑斓的布艺映照得越发明艳，与紫色珠帘相呼应，打造出优雅的靓丽卧室空间。

8 打造温馨浪漫屋

配色方案： 红色①橘黄色②绿色③

设计主题： 可爱的玩偶、精致的小木屋、优雅的台灯，为卧室空间增添了不少情趣，令黄色调卧室空间更加靓丽。

9 台灯装点卧室空间

配色方案： 玫瑰红色①粉紫色②黑色③

设计主题： 附有玫瑰红灯罩的台灯点缀卧室空间，靓丽、优雅，与背景墙上的大型钟表相呼应，颇具视觉吸引力。

10 红色花瓶点缀卧室空间

配色方案： 明绯红色①黄栌色②棕红色③

设计主题： 点缀在卧室空间的鲜红的花瓶，与橘红色抱枕相呼应，打造出充满温馨感的靓丽卧室空间。

11 手工艺品点缀卧室空间

配色方案： 肉粉色①青色②黄色③

设计主题： 用竹片编制的手工艺品与表面亮泽的原色实木家具搭配，自然、纯朴，与色彩鲜艳的床上布艺相呼应，令青色调空间显得尤为靓丽。

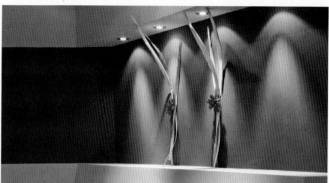

12 打造棕黄色调靓丽卧室空间

配色方案： 橙黄色①橘红色②绿色③

设计主题： 橙黄色、绿色和橘红色三色相间的装饰画点缀橙黄色调卧室空间，优雅、靓丽，搭配白色鲜花，温馨、惬意，装饰效果显明。

第四章 自然色系装扮卧室空间 ↘

　　为事业奔波劳累的你，是否在为自然界的婀娜多姿、自由自在的花草树木而惊叹呢？你是否也想通过自己的巧手，让这个旧卧室瞬时改换新颜，展现它自然的味道？不需要 "大动干戈"，只要巧妙增删一些物品，顺应季节进行搭配，再借用明媚的自然色系，就能让客厅、卧室、餐厅、浴室，每个角度和细节都能流露出浓浓的自然气息。

　　自然色系包括土黄色、灰棕色、卡其色、贝壳色、天蓝色、浅墨绿色等，这些恬静的色彩一直象征着包容与安抚，易让人产生轻松、安全的感觉。如果主人想要打造颇具亲近感、轻松感、安全感的卧室空间，自然色就是你最佳的选择。

4.1 时尚田园之风

　　如果主人希望拥有一间充满田园风情的卧室，或者想拥有清新飘逸的感觉，你可以选择由轻柔、活泼、优雅的自然色系装扮卧室。比如，卧室淡绿色的墙壁，它会给人带来舒爽感觉，令人身心舒畅，原木家具能为整个空间增添持久的自然韵味。

1 绿色优雅的卧室

配色方案：绿色①黄色②棕黑色③

设计主题：主人的绿色调卧室空间，春意浓浓，与室外的景象融为一体，使得空间弥散着自然韵味浓厚的田园气息。

2 自然清新的卧室空间

配色方案：墨绿色①灰色②白色③

设计主题：主人的卧室宽敞、通透、清新、自然，大面积的绿色条纹壁纸，搭配白色吊顶，温馨、惬意，凸显美丽田园风格。

3 橄榄绿壁纸装扮卧室空间

配色方案： 橄榄绿色①灰色②浅黄色③

设计主题： 橄榄绿壁纸散发着温馨的田园气息，搭配白色吊顶，给人一种清雅、悠然的感觉，仿佛置身于窗外的自然丛林。

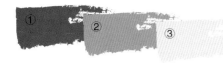

4 棕绿色壁纸装扮卧室空间

配色方案： 棕绿色①橘黄色②茶色③灰色④

设计主题： 带有花朵图案的棕绿色壁纸点缀卧室空间，尽显一片花的世界，洋溢着田园之风的自然、馨香气息。

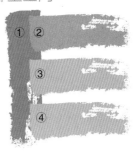

▼ 由石块铺砌而成的墙面，田园风味浓烈。

5 原木色地板装扮卧室空间

配色方案：乌黑色①深驼色②深红色③深灰色④

设计主题： 黑灰色地板，原木色泽，为自然本色，用它装扮充满田园之风的卧室，使得空间更加宽敞、通透。

6 墨绿色调卧室空间

配色方案：棕黑色①黑色②橄榄绿色③白色④

设计主题：淡雅、清静的墨绿色调卧室空间，有良好的采光条件。外界阳光的照射，令空间的田园风味更加浓烈。

7 白色调田园卧室空间

配色方案：深茶色①棕绿色②乌黑色③

设计主题：白色也是田园风格家居的主打色调。主人的白色调卧室，宽敞、通透、明亮，自然光线充足，加以绿色植物的点缀，便打造出时尚田园之风的卧室空间。

8 简易田园屋

配色方案：茶色①白色②棕黄色③

设计主题：主人的白色调卧室空间，简易、恬淡，颇具田园风味的木质家具点缀其间，自然、淡雅，设计独特，令人赞叹不已。

9 白色调田园风卧室

配色方案：茶色①暗紫色②白色③绿色④

设计主题：卧室空间的墙面与吊顶皆为白色，纯真、自然，原木色地面映着阳光，散发着纯纯的田园气息。

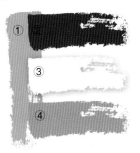

▶ 白色调的卧室空间，简约、时尚、自然、清纯，田园风味甚浓。

10 追逐清雅田园风

配色方案：深蓝色①深绿色②白色③

设计主题：主人的卧宰宽敞、通透，墙面一侧为落地窗，能将外界的自然情景尽收于眼底，这间时尚田园风格卧室是借室外景色打造的。

4.2 自然纯朴风

家居的自然纯朴风倡导"回归自然"，推崇"自然美"。因此，自然纯朴风的卧室力求悠然、静雅以体现丰富的自然生活情趣。比如充满自然韵味的原木色家具、实木框架的落地窗，都是自然纯朴风永恒的主调。

1 柱子床点缀卧室空间

配色方案：青灰色①绿色②绛紫色③

设计主题：充满自然元素的卧室空间，悠然、温馨，布置其间的自然、纯朴的柱子床，搭配紫红色脚踏，凸显装饰效果。

2 原色实木家具装点卧室空间

配色方案：棕黄色①浅青灰色②黑色③

设计主题：棕黄色实木家具搭配实木地板，加以自然光线的介入，使得卧室空间的自然气息更加浓厚。

▼ 卧室中的实木家具，纹理清晰，色泽纯真、自然，是丰富自然色系卧室空间的最好元素。

3 清雅卧室空间

配色方案： 灰色①枯黄色②黑色③

设计主题： 主人的卧室幽静、雅致，有黑色床架、梳妆柜的点缀，令卧室空间更加自然、清新。

4 幽雅卧室一角

配色方案： 赭色①黑灰色②茶色③

设计主题： 由实木打造的卧室吊顶，自然、纯朴，靠近窗户的家具，可以最先接触到来自外界的自然光线。

5 白色家具点缀卧室空间

配色方案: 棕黄色① 白色② 肉粉色③

设计主题: 白色多斗柜、衣柜等家具,搭配自然色彩的藤制品,营造出自然、时尚、温馨的卧室空间氛围。

▶ 天然风味浓重的乌木家具,点缀淡黄色调空间,优雅、美观,令人爽心悦目。

6 乌木床具点缀卧室空间

配色方案: 乌黑色① 暗紫色② 深绿色③

设计主题: 自然、优雅的卧室空间,宽敞、通透,乌木床具与绿色植物相呼应,在阳光的映照下,洋溢着自然气息,这似乎是主人受外界自然环境的影响,特意将卧室装扮得如此雅致。

7 浅橙色脚踏点缀卧室空间

配色方案：深绿色①浅橙色②姜黄色③棕红色④

设计主题：主人的卧室空间，因有棕黄色、绿色、等自然色彩，而显得自然、豪放。卧室空间也因有了浅橙色脚踏的点缀，而更加优美、温馨。

▼ 优雅卧室空间，自然韵味浓烈，家具与瓶花相映成趣，共同营造自然卧室优雅的空间氛围。

8 自然优雅实木屋

配色方案：棕色①白色②灰色③

设计主题：卧室的地板、门、窗都由实木打造，原木色彩，宜人眼目，自然纯真。造型奇特的床头桌点缀在卧室空间，恬淡、静雅，丰富了空间的装饰效果。

9 灰白色床具装点卧室空间

配色方案：浅茶色①灰白色②深绿色③

设计主题：主人的卧室空间，因有大面积的实木板做铺贴装饰，而显得自然、纯朴，床具的色泽与墙面相近，为灰白色，搭配色泽较暗的小床头桌，凸显装饰效果。

4.3 布艺装饰自然风格卧室

自然风格的家居，总会给人旅游度假的感觉，悠闲而无压抑。比如，卧室因有了绿色、蓝色等自然色系的布艺点缀，一定会使空间布满温馨的自然气息，心中的压抑感也会骤然消失，所剩的便是悠闲自在的享受。

1 浅橄榄绿色抱枕装点卧室空间

配色方案：浅橄榄绿①暗紫色②棕黑色③

设计主题：浅橄榄绿色抱枕点缀卧室空间，搭配放置于床头柜桌面的花卉图案相框和绿色植物，使得空间充满了自然气息。

2 优雅时尚卧室空间

配色方案：土黄色①棕红色②暗红色③

设计主题：土黄色调卧室空间，自然气息非常浓郁，室内的实木家具、绿色植物是这个卧室空间最具代表性的装饰元素。

3 黄绿色抱枕点缀卧室空间

配色方案：黄绿色①象牙白②驼色③

设计主题：卧室里的抱枕和落地窗帘的色彩为浅黄绿色，与墙面腰线的色彩一致，协调、优雅，搭配多种色彩相间的枕头，协和、亲切，且充满活力。

4 浅蓝色窗帘打造卧室空间

配色方案：蓝灰色①白色②棕黄色③暗紫色④

设计主题：白色调卧室空间，宽敞、明亮，蓝灰色窗帘与白色墙面形成完美组合，协调、自然，装饰效果明显。

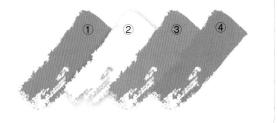

▼ 浅蓝色的床上布艺，搭配藤制床靠背，在灯光的映照下，自然气息更加浓重。

5 黑色抱枕点缀卧室空间

配色方案： 黑色① 棕黄色② 黄栌色③

设计主题： 黑色抱枕点缀黄栌色调卧室空间，在灯光的照射下，给人一种安稳、祥和的感觉，加上花卉的映衬，令空间的自然韵味更加浓厚。

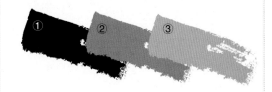

6 鲜花图案抱枕点缀卧室空间

配色方案： 绿色① 棕黑色② 胭脂色③

设计主题： 鲜花图案抱枕与绿色植物点缀白色调卧室空间，为空间加入了自然色彩，在自然光线的映照下，令卧室空间的自然气息更纯更浓。

◀ 毛毯的红花绿叶，实木的原本色彩，都有着自然的馨香味，令人赞叹不已。

7 绿色抱枕装点卧室空间

配色方案：墨绿色①棕黑色②灰色③

设计主题：主人的的卧室空间，自然光线非常充足，绿色抱枕、白色轻纱窗帘、床褥与绿色植物相呼应，营造出自然、温馨的卧室空间氛围。

8 抱枕装点卧室空间

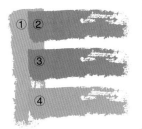

配色方案：茶色①浅褐色②藏青色③灰色④

设计主题：茶色、藏青色和灰色抱枕与褐色背景墙面十分搭配，与绿色植物相映成趣，共同打造出自然优美的卧室空间。

9 幽静的卧室空间

配色方案：浅绿色①绿色②深灰色③墨灰色④

设计主题：绿色床裙、抱枕点缀在宽敞、通透、明亮的卧室空间，自然、幽静，令人赞叹不已。

4.4 自然风格卧室的装饰饰品

　　如果说铁艺饰品给家居装饰出了"冰冷"的感觉，那么自然色系的木艺、皮艺的饰品则更多地表现出了人们崇尚古朴、回归自然的心态。木艺饰品有它的随意性，可以摆放在卧室的任何角落。一个个活灵活现的木雕、皮饰品，使人们更有机会去接近自然。

1

1 镜框装点卧室空间

　　配色方案：黑色①棕黑色②枯黄色③蓝灰色④

　　设计主题：较大尺寸的镜框点缀自然风格卧室空间，令空间显得更加清雅。镜框旁侧的人物装饰画，为空间增添了一份情趣，令人十分惬意。

2 对称装饰画装点卧室空间

　　配色方案：浅黛绿色①浅褐色②黄栌色③紫檀色④

　　设计主题：颇具自然、乡村风情的装饰画做了简易的床背景墙，为卧室营造出了丰富的自然意境。

2

3 装饰品点缀卧室空间

配色方案：墨绿色①绿黄色②米黄色③绿色④

设计主题：主人卧室的大窗户，为空间提供了充足的自然光线，令空间显得明亮、通透。搁置在床头桌和窗台上的装饰品，为空间起到了点缀作用。

4 小装饰品装扮卧室空间

配色方案：棕色①茶色②青色③

设计主题：主人卧室空间布置的整齐有序的小装饰品，寓意丰富，与对面花瓶相映成趣。离床位最近的鱼形工艺品，似乎有与主人夜夜相伴的寓意，创意非凡。

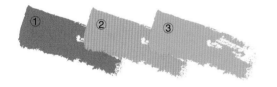

5 台灯点缀卧室空间

配色方案：黄绿色①昏黄色②墨绿色③

设计主题：主人卧室的台灯的灯座由玻璃材质制作而成，像是一尊绿黄色的玻璃花瓶，与绿色植物相搭配，在灯光的映照下，其绿色的自然气息十分浓重。

6 盆栽点缀卧室空间

配色方案：绿色①棕色②白色③

设计主题：主人的白色调卧室空间的装饰元素较少，体型较大的颇具自然韵味的盆栽便成为这间简约卧室的一大亮点。

81

▲ 绿色植物与用竹竿排列而成的床靠背相搭配，创意独特，表露出主人向往自然生活的情怀。

8 优雅台灯装点卧室空间

配色方案：棕黄色①驼色②姜黄色③绿色④

设计主题：棕黄色调卧室空间的台灯，古朴雅致，与装饰画相映衬，自然风味独特，加上阳光的照射，绿色植物的陪衬，令卧室空间更加优雅，情趣横生。

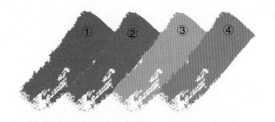

7 水果装饰画装扮卧室

配色方案：浅棕绿色①棕黄色②绿色③

设计主题：做了简易床背景墙并有着纯真自然情节的水果装饰画，与床头柜桌面上的瓶花相映成趣，易让人对自然产生无限幻想。

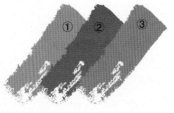

9 挂饰品点缀卧室空间

配色方案：黑棕色①深绿色②昏黄色③茶色④

设计主题：卧室墙面木质的锥型挂饰品，造型独特，与台灯相映成趣，加以绿色植物的映衬，相框、烛台的点缀，使得卧室空间充满了激情与活力。

10 吊灯点缀卧室空间

配色方案：黑红色①黑色②白色③深洋红色④

设计主题：主人卧室的仿照植物形态制作的吊灯，成为空间的视觉焦点，与之相呼应的绿色植物也为打造自然风格卧室空间立了不小的"功劳"。

11 深色卧室的雅致布置

配色方案：深绿色①黛绿色②灰白色③黑色④

设计主题：此款卧室的设计着重以自然风格为主，深色调的相互搭配，众多绿色植物的点缀，形成了温馨，又不失沉稳的装饰效果。

12 瓷器饰品点缀卧室空间

配色方案：棕黄色①深红色②绿色③

设计主题：主人卧室的瓷器饰品，色彩丰富，有较明显的装饰效果。大尺寸的镜面装饰，在视觉上加大了空间，旁边壁炉台面上布置的瓷花瓶，更具自然风情。

▶ 优雅的落地灯与台灯相呼应，是这间自然风格卧室的一大亮点。

第五章 浪漫色系装扮卧室空间 ↘

买房、装修、结婚，成为当下年轻人必须面对的话题。那么什么样的家庭装修才是年轻人需要的，什么样的装修才让年轻人喜欢呢？不用多想，答案当然是"浪漫温馨"。浪漫温馨的视觉效果总是体现在代表浪漫意义的色系上,因此，用浪漫色系装扮卧室空间绝对是当代年轻人的最爱。

　　被誉为美的化身的玫瑰红色、柔情十足的粉紫色、清新纯洁的白色、朦胧优雅的粉红色，都是打造温馨、甜美感的浪漫色系，它们随意组合，就可以轻松打造出悠闲、淡雅、温馨的卧室空间来。

5.1　浪漫优雅卧室空间

　　打造浪漫、优雅卧室空间的灵感，来源于天空、大海以及生活中的点点滴滴。假如你的卧室的天花板、窗帘是淡蓝色，床褥是纯洁的白色，透过落地窗的阳光照在房间里，一定会使卧室显得更加浪漫、温馨。在生活中常见的粉红色、绯红色、玫瑰红色、紫色、明黄和色粉绿色等色彩，让人看一眼就会迷醉，极富有浪漫意味。

1 粉红色壁纸装扮卧室空间

　　配色方案：粉红色①白色②肉粉色③栗色④

　　设计主题：粉红色可以说是女性最喜爱的颜色。粉红的卧室壁纸，加上优美的花纹图案，便打造出浪漫、优雅的卧室空间来。

2 红色壁纸装扮卧室空间

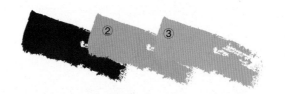

　　配色方案：红色①茶色②蓝灰色③

　　设计主题：主人卧室墙面的红色壁纸上只带有一个简单的图案，看起来有些单调，其实寓意深刻，浪漫情调都在壁纸图案的鸟与花之间。

3

▼ 暗紫色墙面搭配白色墙面，营造出既成熟又浪漫的空间氛围。

▼ 蓝色墙面搭配白色墙面，给人一种想飞翔于蓝天白云间的冲动。

3 黄色壁纸装扮卧室空间

配色方案：淡土黄色①灰色②黑色③驼色④

设计主题：淡土黄色壁纸搭配洁白的床上用品，给人一种超凡脱俗的美感。

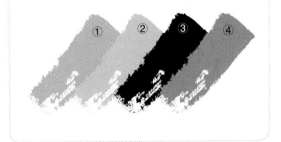

① ② ③ ④

▼ 有鲜花点缀的青绿色调卧室氛围，营造出悠然、安逸的浪漫。

▼ 柔情似水的粉红色调卧室氛围，是喜欢浪漫的女性的最爱。

▲ 深红色墙面搭配灰红色调花朵图案壁纸墙面，雅致，充满激情。

4 都市画装扮浪漫空间

配色方案：鱼肚白①棕黑色②灰色③

设计主题：卧室主人将都市高楼大厦的画面设计成为床背景墙，加上造型奇特的床具，营造出颇具浪漫情调的空间氛围。

▼ 粉红色的壁纸，绿色的床裙，尽显少女浪漫情怀。

5 优雅浪漫屋

配色方案：浅蓝灰色①深红色②白色③黑色④

设计主题：红色背景墙，红色沙发，在床头灯、顶灯的映照下，显得格外明媚，颇具浪漫情调。

6 浪漫的桃红屋

配色方案： 银红色① 殷红色② 白色③

设计主题： 桃红色底玫瑰红花朵图案的床背景墙，尽显浪漫风情，与床上的红色用品、红色窗帘在格调上保持协调统一，体现了整体风格的一致性，可见主人搭配的细致。

7 藏青色浪漫小屋

配色方案： 蓝青色① 灰白色② 茶色③

设计主题： 蓝青色背景墙，创意独特，在两盏造型优美的台灯的映衬下，凸显浪漫风采。

8 打造黄、白色调浪漫屋

配色方案： 橙黄色① 黑色② 棕黑色③

设计主题： 主人卧室空间的旋转型吊顶，创意奇特，极具浪漫情调。

9 小小浪漫屋

配色方案：紫红色①米白色②棕褐色③

设计主题：在较小的卧室中，紫红色、棕褐色、米白色等色彩相融相生，在床头灯光线的作用下，柔美而浪漫。

◀ 光线将布艺的紫色带入了整个空间，令室内的浪漫气息愈加浓重。

10 紫色优雅浪漫屋

配色方案：紫色①白色②棕黑色③

设计主题：紫色壁纸装扮卧室空间，颇具浪漫情调。造型优美的吊顶在带有紫色灯罩的吊灯的映照下，令卧室空间的浪漫气息更加浓重。

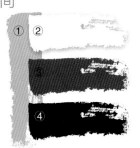

▲镂空的床背景墙，创意奇特，浪漫、惬意，极具个人魅力。

11 橘黄色调卧室空间

配色方案：橘黄色①白色②棕红色③黑色④

设计主题：橘黄色卧室空间在灯光的映照下，显得甜蜜、激情，营造出浪漫、温馨的卧室空间氛围。

12 低调浪漫屋

配色方案：浅绿色①咖啡色②土黄色③蓝色④

设计主题：土黄色地面上的图案令人称奇，与吊顶图案相映成趣，营造出典雅且低调的卧室空间氛围。

5.2 唯美飘渺意境无限

在卧室设计上，我们追求的是优雅独特、简洁明快的设计风格。 在卧室审美上，我们追求时尚唯美而不浮燥，庄重典雅而不乏轻松浪漫的感觉。如，玫瑰红色打造的卧室空间，充满着浪漫的气息，再搭配上纯白色家具，便能让卧室有一种柔情十足的浪漫感。

1 暗紫色床具装点卧室空间

配色方案：浅褐色①暗紫色②白色③

设计主题：暗紫色床上用品点缀浅褐色调卧室空间，淡然、雅致，给人一种神秘感。

2 小圆桌点缀卧室空间

配色方案：桃红色①赭色②棕色③

设计主题：清漆饰面的橘黄色小圆桌点缀桃红色卧室空间，为空间添加了别样情趣，加上玫瑰花的陪衬，令空间的浪漫气氛更加浓重。

▼ 简约家居在当下已非常流行，是时尚唯美主义者的理想空间。

3

4

3 茶几点缀卧室空间

配色方案：暗紫色①深棕黑色②藏青色③黑色④

设计主题：主人的卧室宽敞、通透，落地灯旁边的茶几在灯光的映照下，令空间的浪漫气息更加浓重。

◀ 卧室空间的白色收纳柜与鲜花相映衬，令空间的浪漫情趣更加浓烈。

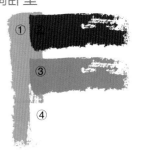

4 白色家具装扮紫色调卧室

配色方案：暗紫色①紫黑色②浅褐色③白色④

设计主题：浪漫氛围活跃的紫色调卧室空间，优雅、清纯，加以白色家具的家具的点缀，使得空间多了一份柔情。

5 浪漫的美式卧室空间

配色方案：灰色①白色②深灰色③

设计主题：卧室中的白色床头柜、床具等家具，以及线条流畅的墙体装饰，凸显浪漫的美式家居装饰风格。

▶白色的睡床、端景桌搭配红色的布艺品、镜饰等，展现着时尚与浪漫的气息。

6 床具装扮卧室空间

配色方案：茶色①白色②黑色③

设计主题：茶色调卧室空间中的白色床具，造型独特，优雅别致，集床靠背与床背景墙于一体，营造出温馨、浪漫的卧室空间氛围。

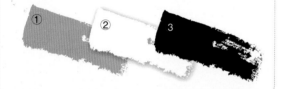

7 温情浪漫屋

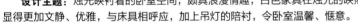

配色方案: 藏青色①黛绿色②白色③

设计主题: 烛光映衬着的卧室空间,颇具浪漫情趣,白色家具在烛光的映照下,显得更加文静、优雅,与床具相呼应,加上吊灯的陪衬,令卧室温馨、惬意。

8 床头柜装点优雅浪漫屋

配色方案: 驼色①灰色②
棕黑色③海棠红④

设计主题: 花朵图案壁纸
在灯光的映照下,恬静、温
雅,非常显眼,与艳丽的瓶
花相呼应,令空间的浪漫情
趣更加浓烈。

▶ 大面积地使用乳白色,小面积地使用比较鲜艳的黄色,使之成为亮点。
是使房间增色的很好方法。

5.3 布艺装饰浪漫卧室空间

在装扮卧室时，不要忽略布艺装饰的每一个细节，比如被褥、窗帘、帷幔等等。它们可以是不同款式的面料、不同样式的图纹，但一定要有代表浪漫的色彩，以营造出各种迷人的浪漫家居风情。大胆地去选择一款心仪的布艺，变换不同的图案，让你的卧室在甜美中带点浪漫与惬意。

▼ 茶色底暗红图案的小方块绸缎做了床背景墙，为空间添入了浪漫情调。

1 咖啡色格子布艺装扮卧室空间

配色方案： 褐色① 咖啡色② 棕红色③

设计主题： 主人卧室空间的窗帘、床裙为浪漫情调浓浓的咖啡色，在阳光的照射下，散发着温馨气息，令人舒心。

2 白色抱枕装点浪漫屋

配色方案： 赭色① 茶色② 白色③

设计主题： 白色调卧室空间，极具浪漫情怀。床上的白色抱枕点缀卧室空间，素雅、恬静，与装饰画相映成趣。

3 桃红色布艺装扮卧室空间

配色方案：黑色①白色②桃红色③茶色④

设计主题：颇具浪漫色彩的桃红色布艺装扮卧室空间，协调、优雅，与台灯相映成趣，令空间更具浪漫感。

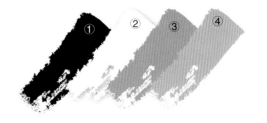

4 粉红色花纹布艺装扮卧室空间

配色方案：白色①粉红色②棕黄色③驼色④

设计主题：白色底粉红色花纹布艺与床褥、抱枕、枕头的色彩相近，尽显一片粉红世界。

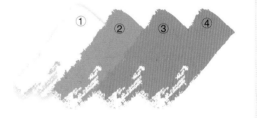

5 彩色布艺装点卧室空间

配色方案：红色①桃红色②淡黄色③

设计主题：绚丽多彩的床单散发着浪漫迷人的气息，与红色台灯相映成趣，颇具视觉感染力。

6 红色帷幔点缀卧室空间

配色方案：玫瑰红色①深绿色②淡紫红色③

设计主题：主人华贵典雅的卧室空间，布艺饰品艳丽、繁多，红色、肉色蕾丝边帷幔、绛紫床被等，都具有温馨的浪漫气息。

▲ 白色落地窗帘在光线的眷顾下，将它自己欢快愉悦的心情，情不自禁地流露了出来，颇具浪漫情调。

7 粉色花纹抱枕点缀卧室空间

配色方案：黑色①粉红色②灰白色③

设计主题：白色底粉红色花纹抱枕搭配粉红色和灰白色相间的床褥，优雅、温馨，与黑白相间的布艺座椅相呼应，营造出浪漫的卧室氛围。

8 蓝色布艺装扮浪漫卧室

配色方案：褐色①蓝青色②深蓝色③灰色④

设计主题：主人卧室空间的色彩装饰，多以蓝色系为主。深蓝色的床褥与白色吊顶相呼应，营造出清雅、悠闲的浪漫氛围。

9 白色轻纱帷幔装扮浪漫卧室

配色方案：蓝灰色①白色②茶色③

设计主题：白色轻纱帷幔遮隐着创意奇特的灯饰品，给人一种神秘的浪漫感，与茶色底银色花纹图案床单相呼应，令空间的浪漫气息更加浓郁。

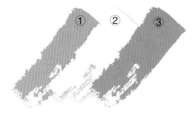

▲ 白色底蓝色花纹图案窗帘与床裙，点缀浅黄色调卧室空间，给人一种清纯的浪漫感。

10 枯黄色床褥装点卧室空间

配色方案：枯黄色①浅紫色②乌黑色③

设计主题：枯黄色床褥同窗帘、床背景墙的色彩极为相近，协调、美观，在光线的映照下，散发着丝丝温馨的浪漫气息。

11 窗帘装扮优雅浪漫屋

配色方案：浅紫色①白色②玫瑰红色③

设计主题：最具视觉感染力的白底红花图案窗帘，搭配绿色植物，装扮紫色调卧室空间，有种柔情似水般的浪漫情调。

▼ 白色底紫色花图案床被与神秘的深紫色壁纸相呼应，营造出浪漫的卧室空间氛围。

12 蓝色与紫色图案布艺点缀卧室空间

配色方案：灰色①墨绿色②蓝色③

设计主题：蓝色与紫色图案的床被、抱枕点缀浪漫卧室空间，优雅、恬静，搭配白色床具，加上灯光的映照，令卧室空间的浪漫氛围更加浓烈。

5.4 浪漫卧室空间的装饰饰品

在卧室空间中，清新的图案、丰富浪漫的色彩等装修细节如果运用得当，就能创造出温馨、惬意的生活环境。要想拥有优雅浪漫的家居环境，就要用心装扮，比如壁画、相框、图腾、手工艺品等就可以让居家环境变得生动起来。

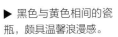

◀ 带有乡村风情图案的灰绿色瓷花瓶，凸显民间浪漫情调。

▶ 黑色与黄色相间的瓷瓶，颇具温馨浪漫感。

1 玫瑰花点缀卧室空间

配色方案：驼色①暗紫色②深红色③

设计主题：最能代表浪漫情感的玫瑰花点缀卧室空间，优雅、温馨，与灰色布艺相映成趣，营造出浪漫的氛围。

2 人物装饰画点缀卧室空间

配色方案：深褐色①土黄②白色③

设计主题：用人物装饰画点缀带有浪漫情调的卧室，典雅、温馨，在灯光的映照下，浪漫气息愈加浓烈。

3 烛台点缀浪漫卧室空间

配色方案：酱紫色①黑色②白色③

设计主题：主人的卧室空间宽敞、通透、明亮，烛台、玻璃工艺品为这个温馨浪漫屋增添了不少情趣，令人十分惬意。

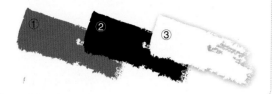

◀ 线条优美的铁艺吊灯，带着丝丝温馨气息，非常适合安装在有浪漫情调的卧室中。

4 吊顶营造卧室空间浪漫氛围

配色方案：灰色①白色②乌黑色③

设计主题：设计独特的水晶垂帘吊顶，在射灯的作用下，好似一盏顶灯，创意非凡，为白色调优雅卧室营造出了温馨的浪漫氛围。

▲ 在卧室背景墙营造的优雅氛围中，玫瑰红色的床头灯、布艺品以及瓶花等装饰品都彰显着浓郁的浪漫气息。

5 装饰画装扮浪漫卧室空间

配色方案： 淡嫣红色①咖啡色②黑色③

设计主题： 黑色框装饰画点缀在桃红色调室空间中，协调、美观，与床上布艺相映成趣，营造出浪漫的氛围。

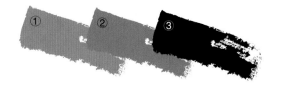

6 鲜花装扮浪漫卧室空间

配色方案： 粉红色①藕荷色②暗紫色③

设计主题： 鲜花绿色植物点缀在粉色调卧室空间中，优雅、温馨，与床头灯相呼应，令空间的浪漫气息愈加浓重。

▼ 绚丽色彩的布艺品搭配灯饰、墙面装饰品，演绎着唯美与浪漫。

7 精美灯饰品装扮浪漫卧室

配色方案：黑色①玫瑰红色②酡红色③浅驼色④

设计主题：主人卧室空间的灯饰品，为空间增添了极具浪漫感的色彩——橘红色。在灯光的映照下，浪漫感油然而生。

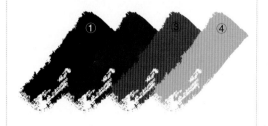

8 相框点缀浪漫卧室空间

配色方案：浅紫色①白色②黑色③粉紫色④

设计主题：粉紫色相框点缀优雅浪漫卧室空间，颇有一番情趣，是女性卧室空间不可缺少的装饰品。

7

8

第六章　混搭色系装扮卧室空间

作为时尚界不变的潮流，混搭总是能给人带来不一样的新意和体验。本章就是在室内设计上采用混搭风格的典型。让我们细细品味设计师的精心设计，以满足大家不同的功能需求，混搭出适合自己口味的卧室空间，让人在休息时能得到充分的放松与享受。

　　混搭看似漫不经心，实则出奇制胜。虽然是多种元素共存，但不代表乱搭一气，混搭是否成功，关键还是要确定一个"基调"，以一种色系为主线，其他颜色做点缀，有轻有重，有主有次。家居装饰中"混搭"风日渐风行。室内设计师普遍认为，在以一种色系为主打的情况下，家中点缀几件其他色系的家具和饰品，也能够营造出独特而别致的装饰效果。

6.1 色彩变换装饰空间

　　不同的色彩表达着不同的情感，随着季节和自己的心情来扮靓你的小家吧。如热烈明快的黄色墙面，搭配激情艳丽的红色背景墙，给人热烈温暖感觉，是非常适合节年轻人的一种卧室颜色搭配。

1 玫瑰红背色景墙装扮混搭卧室空间

配色方案： 玫瑰红色①棕黄色②灰色③

设计主题： 玫瑰红色床背景墙搭配白色调墙面，协调、雅致，营造出热烈的色彩混搭卧室空间。

2 雅致优美混搭屋

配色方案： 深青色①灰色②棕黑色③

设计主题： 白色调卧室空间，明亮、通透，光线条件优越，令床上混搭的布艺更加靓丽、优美、雅致，令人舒心欢跃，装饰效果独特。

◀ 蓝色墙面、白色吊顶、棕黄色地面与床上的布艺合理混搭，有着显明的装饰效果。

3 黑红相间床背景墙装扮混搭卧室空间

配色方案：灰黑色①灰绿色②红色③黑色④

设计主题：黑红相间的床背景墙，与墙面、床具、布艺混搭，颇具视觉感染力，令人心情舒畅。

4 青蓝色壁纸装点混搭卧室空间

配色方案：棕黄色①银灰色②青色③

设计主题：青蓝色壁纸搭配棕黄色地面，协调、雅致，与精美的吊灯相映成趣，营造出令人赏心悦目的混搭卧室空间氛围。

▼ 优雅混搭屋在外界光线的映照下，清新、自然、通透，与外界风景相映成趣，令人赞叹不已。

5 温馨混搭屋

配色方案：橙黄色①墨绿色②昏黄色③

设计主题：鲜艳的黄色与绿色墙面，给人无比的温馨感，在床头灯灯光的映照下，令温馨的混搭卧室空间气息更加浓重。

6 静雅混搭屋

配色方案：蓝黑色①黑色②灰黄色③

设计主题：恬静、雅致的混搭卧室空间，色彩的搭配协调、有序，装饰效果明显。

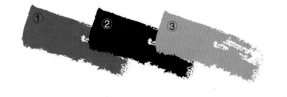

7 灰色壁纸装扮优雅混搭屋

配色方案：灰色①深红色②棕黄色③紫檀色④

设计主题：灰色壁纸在外界光线的映照下，显得更加靓丽，与混搭布艺相映成趣，营造出优雅、令人欣慰的卧室氛围。

8 深红色地面装扮混搭卧室空间

配色方案： 白色①深红色②紫檀色③

设计主题： 白色调混搭卧室空间，宽敞、大气，与深红色地面混搭视觉效果明显。

▶ 墙面的混搭，优雅、协调、美观，颇具视觉吸引力。

9 赭色背景墙装点卧室空间

配色方案： 赭色①浅绿色②浅粉红色③

设计主题： 主人的卧室空间装饰雅致、美观，赭色床背景墙与布艺相映成趣，令优雅的卧室空间混搭气息更加浓重。

10 米黄色调壁纸点缀混搭卧室空间

配色方案：赭色①深灰色②浅褐色③

设计主题：米黄色底赭色图案壁纸点缀卧室空间雅致、优美，与布艺相映成趣，加上格调一致的银色灯座的台灯的陪衬，使得卧室空间的混搭色彩更加优美动人，令人愉悦。

11 浓黑却安逸的混搭卧室空间

配色方案：淡绿色①浅黄色②深褐色③

设计主题：主人的卧室浓黑的墙面，搭配颜色靓丽的床上饰品，在台灯的映照下，使得空间多了一份令人安逸的温馨气息。

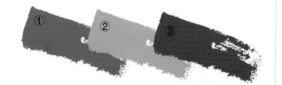

12 深褐色壁纸装扮混搭卧室空间

配色方案：深褐色①蓝灰色②灰色③

设计主题：深褐色壁纸搭配白色吊顶，雅致、协调，与色彩混搭的地毯相呼应，优雅、美观，凸显其装饰效果。

13 灰色壁纸装点混搭卧室空间

配色方案：栗色①白色②灰色③

设计主题：主人卧室的灰色壁纸搭配白色吊顶，优雅、协调，与窗帘、地毯、床上布艺形成混搭，营造出优雅的令人安心休憩的卧室空间。

6.2 混搭意境精致空间

在多种风格混搭的空间中，一些装饰元素会贯穿始终，其特有的混搭风味，有着不同混搭意境，就像一根无形的线，将不同的格调别出心裁的混搭出来。比如米黄色调空间搭配白色的欧式床头柜和原木色的中式衣柜，就能混搭出精致的卧室空间。

1 无靠背床具点缀混搭卧室空间

配色方案：黛蓝色①白色②棕色③

设计主题：设计师取消了传统观念，为主人提供了一款无靠背的床具来点缀混搭卧室空间，颇具创意性。

2 梳妆柜点缀卧室空间

配色方案：绿黄色①红色②深妃红色③

设计主题：深妃红色梳妆柜与绿色墙面十分搭配，与有趣的床上布艺相呼应，营造出独有意境的混搭卧室空间氛围。

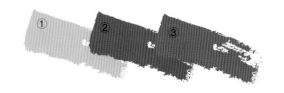

▼ 棕黑色床具搭配绿色调空间，加上带有红色灯罩的台灯的点缀，营造出优雅、精致的混搭卧室空间。

3 青绿色脚踏点缀混搭卧室空间

配色方案：青绿色①暗橙色②棕黄色③

设计主题：绿色脚踏点缀混搭卧室空间，雅致、协调，搭配暗橙色床具，恬淡、温雅，与地面的地毯色彩相映成趣，令混搭的卧室空的氛围更加活跃。

4 小茶几点缀混搭卧室空间

配色方案：黑色①橙黄色②赫赤色③棕黄色④

设计主题：小茶几点缀混搭卧室空间，与桌椅相呼应，凸显出其独特的装饰性。

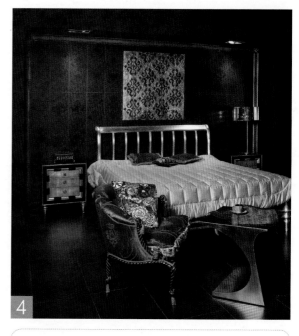

5 白色床头柜点缀混搭卧室空间

配色方案：青色①白色②灰色③

设计主题：白色床头柜点缀混搭卧室空间，与白色台灯相映衬，营造出温馨、惬意的卧室空间氛围。

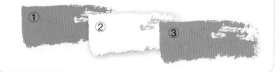

6 玻璃台面茶几点缀卧室空间

配色方案：深青色①绿色②棕黑色③

设计主题：玻璃台面茶几点缀混搭卧室空间，加上鲜花的映衬，令优雅的卧室空间的气息更加浓重。

7 棕黄色床头柜点缀混搭卧室空间

配色方案： 棕黄色①灰色②蓝灰色③

设计主题： 棕黄色床头柜点缀混搭卧室空间，与带有混搭色彩条纹的床被相呼应，营造出优雅的卧室氛围。

8 精美床具点缀混搭卧室空间

配色方案： 杏黄色①浅黄色②黑色③

设计主题： 造型精美的黝黑色床具点缀混搭卧室空间，雅致、协调，与浅黄色背景墙面、白色床被、杏黄色地面形成混搭体系，视觉效果明显。

◀ 简易床头柜点缀混搭卧室空间，与混搭布艺相呼应，淡然、随和，装饰效果明显。

▲床具点缀卧室空间，优雅、协调，与床被搭配得当，打造出精致的混搭卧室空间。

9 淡雅、精致的混搭屋

配色方案：玫瑰红色①黑色②灰色③

设计主题：灰色调卧室空间，与床上各色布艺的混搭，冲淡了空间的沉闷感，营造出淡雅的卧室空间氛围。

10 意境丰富的混搭屋

配色方案：红紫色①藏青色②褐色③黑色④

设计主题：以黑色和灰色为主色调的卧室空间，床具、简易电脑桌和抱枕的混搭，营造出意境丰富的卧室空间。

11 低矮床具装点混搭卧室空间

配色方案：褐色①棕黄色②黑色③白色④

设计主题：混搭卧室空间的低矮床具与床上布艺搭配有致，加上床头灯的映照，令卧室混搭气息更加浓重。

6.3 布艺装饰混搭卧室空间

　　无论是豪宅还公寓，卧室空间首先考虑的是舒适与私密，在这个自由空间中，个性的你可以任意发挥想象来装扮自己的卧室。以床上用品为例，用色彩与柔软的面料来实现卧室翻身大改造。

▲ 红色抱枕点缀混搭卧室空间，协调、优雅，混搭效果显著。

1 优雅混搭屋

　　配色方案：黑色①粉红色②昏黄色③

　　设计主题：主人的卧室空间，通透、明亮，床上用品的混搭效果明显、雅致、协调，令人赞叹不已。

2 彩色床被装扮混搭卧室

　　配色方案：白色①深紫色②蓝灰③

　　设计主题：混搭风格的床被是这个空间的一大亮点，加上各种色彩抱枕的映衬，营造出雅致的卧室空间氛围。

▲ 床上布艺的红色与白色的混搭，协调、雅致，视觉效果显明。

3 黑色毛毯点缀混搭卧室空间

配色方案：灰色①紫色②黑色③

　　设计主题：黑色毛毯与白色床被搭得当，与蓝色抱枕相呼应，在两盏吊灯的映照下，凸显独特的装饰效果。

4 混搭抱枕装点卧室空间

　　配色方案：淡绿色①靛青色②白色③

　　设计主题：装点卧室空间的混搭色彩的抱枕，与墙面壁纸的图案相映成趣，是这个卧室空间的视觉焦点，装饰效果突出。

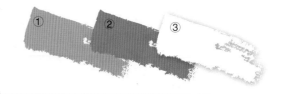

▼ 台灯点缀卧室空间，将具有混搭色彩的床上饰品映照得更加靓丽。

5 绿色抱枕点缀卧室空间

配色方案：黑色①灰色②橄榄绿色③玫瑰红色④

设计主题：绿色抱枕搭配白色抱枕，雅致、协调，与白色落地窗帘相映成趣，营造出混搭的卧室氛围。

6 窗帘点缀混搭卧室空间

配色方案：墨绿色①黑色②褐色③米黄色④

设计主题：卧室的窗帘映着较强的光线，显得非常美观，与深绿色墙面相呼应，令卧室空间的混搭气息更加浓重。

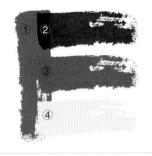

7 宽敞明亮的混搭卧室空间

配色方案：米黄色①深紫色②蓝黑色③

设计主题：主人的混搭卧室空间，宽敞、明亮，加上紫色系条纹床被的点缀，和台灯灯光的映照，使得混搭卧室空间的氛围更加活跃，装饰效果明显。

▼ 床上布艺图案色彩的混搭，雅致、协调，具有很好的装饰性。

8 小地毯点缀混搭卧室空间

配色方案：棕色①茶色②灰绿色③黑色④

设计主题：小地毯点缀混搭卧室空间，优雅、协调，搭配茶色地面，恬淡、雅致，颇具亲切感。

9 白色抱枕点缀混搭卧室空间

配色方案：赭色①深红色②白色③茶色④

设计主题：主人的混搭卧室空间，宽敞、明亮、通透，床上的白色抱枕与混搭色床被、枕头搭配得当，装饰效果明显。

10 蓝色抱枕装点混搭卧室空间

配色方案：白色①靛青色②茶色③

设计主题：蓝色抱枕搭配靛青色床被，与床头柜上的饰品相映成趣，营造出优雅的卧室氛围。

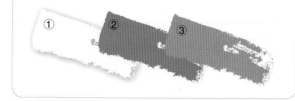

▼ 床上布艺色彩的混搭，绚丽迷人，加上布艺小饰品的点缀，使得空间多了一份别样情趣。

6.4 混搭卧室空间的装饰饰品

　　几件创意性的饰品，点缀着混搭的卧室空间，引人无限遐想。装饰品的不同风格，在现代、休闲、传统的家居中，会别有一番韵味，以体现出混搭的卧室装饰效果。

1 装饰画点缀混搭卧室空间

　　配色方案：黑色①蓝色②浅褐色③

　　设计主题：人物装饰画与左右两盏床头吊灯相呼应，点缀在混搭卧室空间中，令空间的混搭氛围更加浓重。

2 台灯点缀混搭卧室空间

　　配色方案：淡赭色①白色②深湖蓝色③绿色④

　　设计主题：两盏距离较远的台灯相映成趣，并与简易床背景墙上的装饰品相映衬，凸显装饰效果。

▶造型奇特的台灯点缀混搭卧室空间，优雅、协调，颇具视觉吸引力。

3 深浅色搭配的优雅卧室空间

　　配色方案：深绿色①黑色②白色③

　　设计主题：足球饰品点缀卧室空间，并与吊灯相呼应，加上绿色植物的点缀，使得混搭卧室空间多了一份情趣。

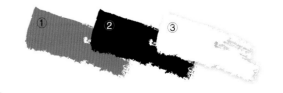

4 花卉点缀混搭卧室空间

配色方案：红色①浅灰色②棕黄色③

设计主题：白色鲜花在灯光的照耀下，显得更加鲜艳，与高脚酒杯、布艺玩偶相映成趣，营造出典雅的混搭卧室空间氛围。

▼ 浅黄色边框的相框与台灯在色彩上搭配协调，使得混搭卧室空间更加优雅、美观。

5 国画点缀混搭卧室空间

配色方案：靛蓝色①枯黄色②黑色③白色④

设计主题：点缀在混搭卧室空间的国画与床头柜上的瓷器相呼应，令卧室空间的混搭气息更加浓重。

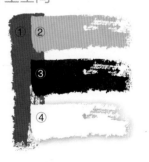

6 优雅的混搭卧室空间

配色方案：白色①淡茶色②乌黑色③棕黑色④

设计主题：主人的混搭卧室有的两盏小台灯，与色彩不同的三个枕头相映成趣，营造出优雅的混搭卧室空间氛围。

◀ 造型精美的吊灯与两盏对称布置的台灯相映成趣，优雅、协调，装饰效果明显。

7 筒状台灯装点卧室空间

配色方案： 钴蓝色①黑色②浅黄色③黑褐色④

设计主题： 主人的混搭卧室空间的两盏台灯，造型独特，筒状的灯罩为黄色底黑色斑纹，与床上布艺饰品相映成趣，颇具装饰性。

8 油画点缀混搭卧室空间

配色方案： 黛绿色①黄色②白色③棕黄色④

设计主题： 人物像油画做了简易的床背景墙，与混搭的抱枕相呼应，加上左右两边的台灯的映衬，成为混搭卧室空间的视觉焦点。

9 彩色瓷瓶点缀混搭卧室空间

配色方案：蓝色①乌黑色②深灰色③橘红色④

设计主题：混搭卧室空间的彩绘工艺优美的瓷瓶，与两盏带有橘红色灯罩的台灯遥相辉映，营造出优雅的混搭卧室空间氛围。

10 树叶形镜子点缀卧室空间

配色方案：白色①咖啡色②黑色③

设计主题：混搭卧室空间墙面挂置的树叶形镜子，是床周围的一个亮点，与隔板上摆放的小工艺品相映成趣，优雅、协调，具有显著的视觉效果。

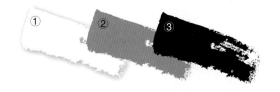

11 挂饰品装扮混搭卧室

配色方案：黑色①深红色②灰白色③灰色④

设计主题：混搭卧室空间的木质黑色挂饰品，与床两边的台灯相映成趣，凸显出独具个性的装饰效果。

◀可爱的布艺小玩偶，令空间的混搭氛围更加浓重。

第七章 温馨色系装扮卧室空间 ⬊

卧室装饰效果的温馨感，来源于生活的点点滴滴，一束鲜花加上一盏美灯，就可以让我们放松心情，如置身于世外桃源一般，感受惬意美妙的生活。那么这样颇具吸引力的温馨生活，怎样才能实现呢？在此，我给大家推荐几款典型的卧室装饰效果图，敬请欣赏、品味。

如果有一个完全属于自己的，由温馨色系装扮的卧室，那些不安定的思绪定会烟消云散，然后在这里尽情感受温馨的呵护和包容。想装扮温馨浪漫的卧室空间，一些温馨色彩是必不可少的，比如富贵吉祥的橘红色，恬淡柔和的米黄色、自然的原棕色，还有暖暖的奶黄色。在运用这些色彩时，一定要做好每一个细节。

7.1 温馨甜蜜的卧室空间

不同色调的搭配总能给人不同的感觉，如果一间卧室有淡淡的具有温馨甜蜜的色彩，一定会给人眼前一亮的感觉，这种视觉冲击力，一定给人带来温馨甜蜜的感受。

1 棕黄色实木板装扮卧室

配色方案： 棕黄色①咖啡色②枯黄色③

设计主题： 主人的床背景墙由实木板做成，清漆饰面的实木板，温馨气息浓重，弥漫了整个空间。

2 通透的灰色调卧室空间

配色方案： 紫檀色①灰色②乌黑色③暗紫色

设计主题： 灰色调卧室空间，宽敞、明亮、通透，外界光线的加入，使得空间的温馨气息更加浓郁。

◀ 温馨与甜蜜，来自于墙面那一抹橘黄色。

3 温馨的咖啡色调卧室空间

配色方案： 咖啡色①枯黄色②栗色③暗红色④

设计主题： 主人的咖啡色调卧室空间，到处都洋溢着温馨、甜蜜的气息。

4 温馨甜蜜的优雅空间

配色方案： 棕黑色①灰色②蓝色③

设计主题： 棕黑色床背景墙在射灯的映照下，优雅、大气，凸显装饰效果。外界的夜光与室内灯光的组合，将窗面染成了蓝色，与棕黑色背景墙相映成趣，令空间的温馨气息更加浓重。

▼ 浅黄色调壁纸在灯光的映衬下，温馨甜蜜，营造出优雅的卧室空间氛围。

5 淡色调壁纸装点温馨甜蜜屋

配色方案：金黄色①橘红色②姜黄色③深栗色④

设计主题：淡色调壁纸墙面，因床头灯灯光的原因，呈现出淡淡的黄，使得空间充满了温馨感。

6 黄色壁纸装点卧室空间

配色方案：金色①棕红色②栗色③

设计主题：卧室空间的金黄色壁纸在灯光的映照下，显得更加亮丽，搭配棕色地面，营造出优雅温馨的卧室空间氛围。

5

7 深紫色背景墙装扮卧室空间

配色方案：枯黄色①乌黑色②棕黑色③

设计主题：灰色调卧室空间由于搭配了深紫色的床背景墙，从而冲淡了灰色调带给空间的冷与闷的感觉，为这个空间增添了温馨元素。

6

7

7.2 享受惬意的卧室空间

　　颜色对于人的心理起着非常重要的作用，就像我们选择的食物会对身体健康产生不容忽视的影响一样。卧室是我们每天待得时间最长的空间，选一种喜欢的色调，展示真实的自己，享受惬意时光。自古以来黄色被誉为尊贵的象征，譬如用它来作墙面装饰，配以深色实木家具，再加以水晶顶灯的点缀，雍容华贵便表露得淋漓尽致，这还不够惬意吗？

1 小木桌点缀温馨卧室空间

　　配色方案：枯黄色①绿色②棕红色③

　　设计主题：白色小木桌点缀枯黄色调卧室空间，并与床上抱枕相映成趣，营造出温馨、甜蜜的卧室空间氛围。

2 小茶几点缀咖啡色调卧室空间

　　配色方案：咖啡色①栗色②枯黄色③

　　设计主题：小茶几点缀咖啡色调卧室空间，与小座椅相映成趣，使得空间的温馨气息更加浓重，颇具视觉感染力。

▼白色调卧室的温馨感，来自于阳光的惠顾和床上用品的映衬。

3 床头柜装点温馨卧室空间

配色方案：白色①暗红色②浅黄色③

设计主题：白色床头柜装点温馨、甜蜜的卧室空间，与暗红色抱枕相映成趣，装饰效果明显。

4 床具装扮温馨甜蜜卧室空间

配色方案：枯黄色①深褐色②浅紫色③

设计主题：创意奇特的床具，是装饰温馨、甜蜜的卧室空间的最具代表性的装饰元素。

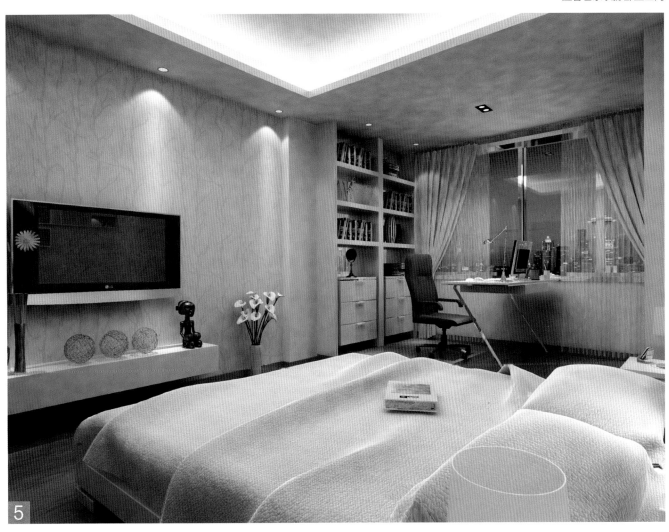

5

▲ 米黄色调卧室空间有点淡淡的温馨甜蜜感，加上橘黄色家具的介入使得那股温馨甜蜜气息更加浓重。

6

5 电脑桌装点卧室空间

配色方案：黑色①灰色②棕色③

设计主题：主人的卧室空间，温馨、甜蜜，造型独特的电脑桌处在灰色调卧室空间的窗户旁，与座椅相呼应，令人十分惬意。

6 家具点缀温馨卧室空间

配色方案：橄榄绿①暗紫色②灰白色③

设计主题：黑色家具点缀在灰白色调的卧室空间，优雅、协调，在台灯的映衬下，显得非常醒目。

7 优雅床具装扮温馨卧室空间

配色方案： 浅绛紫色①棕黑色②白色③

设计主题： 紫色调卧室空间，温馨、甜蜜，点缀其间的柱子床搭配棕黄色床头柜，优雅、协调，在外界光线的映照下，令空间的温馨气息更加浓重。

8 茶几装点温馨卧室空间

配色方案： 杏黄色①棕红色②黑色③

设计主题： 桌架为黑色，桌面为白色的茶几点缀在白色调卧室空间，与床头灯相映成趣，优雅、协调，凸显装饰效果。

◀大面积地使用肉粉色，是使房间增色的很好方法。

▲ 米黄色卧室空间的墙面在灯光的照射下，温馨与甜蜜感油然而生。

◀ 棕黄色床具装扮的温馨卧室空间，给人温暖、甜蜜的感觉。

9 优雅甜蜜卧室空间

配色方案：藕色①黄色②茶色③黄栌色④

设计主题：白色调卧室空间的墙面，在灯光的作用下，显出淡淡的紫，与原色木质家具搭配得非常协调，颇具视觉吸引力。

9

7.3 布艺装饰温馨卧室空间

让卧室达到自己想要的效果，需要从整体到细节的把握。要想让你的卧室变得温馨并不难，用淡雅的，颇具亲和力的布艺来装饰，就能打造出你想要的空间来。

1 赭色布艺装扮温馨卧室

配色方案：白色①乌黑色②赭色③

设计主题：白色与赭色相间的布艺点缀温馨、甜蜜的卧室空间，在灯光的映照下，卧室空间的温馨感倍增。

2 深褐色壁纸装扮温馨卧室空间

配色方案：深褐色①黑色②白色③

设计主题：白色底褐色植物图案窗帘搭配深褐色壁纸，在外界光线的映照下，与白色长毛毯相映成趣，营造出优雅的温馨卧室空间氛围。

1

2

3 温馨的白色调卧室空间

配色方案： 橙黄色① 橘红色② 白色③

设计主题： 红色调小地毯为空间增添了不少温馨色彩，加上放置在小方凳上的彩色抱枕的映衬，使得白色调卧室空间充满温馨气息。

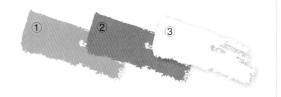

4 彩色床褥点缀温馨卧室空间

配色方案： 茶色① 赭色② 翠墨绿色③

设计主题： 色彩丰富带有花纹图案的床褥是这个温馨、甜蜜卧室空间的一大亮点，与同一色彩风格的帷幔相映成趣，令卧室空间的氛围活跃了许多。

◀卧室空间的紫色布艺，甜蜜、温馨，令人舒心。

◀ 白色地毯在灯光的眷顾下，显得如此靓丽，令空间的温馨气息更加浓重。

5 唯美床裙装扮卧室空间

配色方案：黄栌色①深褐色②浅黄色③

设计主题：带有彩色花纹图案的床裙，在两盏台灯的映照下，恬淡、优雅、引人注目，增加了温馨、甜蜜卧室空间的氛围。

6 黑色布艺点缀卧室空间

配色方案：橙色①棕黑色②黑色③

设计主题：黑色底银白色花朵图案床上用品点缀灰白色调卧室空间，优雅、协调，与抱枕相映成趣，装饰效果明显。

7 暗红色抱枕点缀温馨卧室空间

配色方案：橘黄色①灰色②暗红色③

设计主题：肉色调卧室空间，光线充足。暗红色抱枕在光线的映衬下，显得温柔、随和，搭配白色床褥，凸显装饰效果。

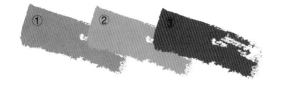

8 棕红色抱枕点缀卧室空间

配色方案：棕红色①深咖啡色②浅驼色③

设计主题：温馨、甜蜜的卧室空间的棕红色抱枕搭配白色、深咖啡色抱枕的点缀，卧室空间，优雅、协调，颇具视觉感染力。

9 蓝色抱枕点米黄色调卧室空间

配色方案：土黄色①深褐色②蓝色③

设计主题：蓝色抱枕点缀黄色调卧室空间，与鲜艳花卉相映成趣，营造出温馨、甜蜜的卧室空间氛围。

7.4 温馨卧室空间的装饰饰品

从壁纸与床上用品的搭配，再到装饰画、工艺品的布置，房间里的每一样物品都是装饰温馨卧室不可或缺的。例如，你可以将玫瑰花装饰挂在床一侧的墙上，达到与床边的插花相呼应的效果，这一定会让卧室充满沁人心脾的温馨韵味。

1 黑框装饰画点缀温馨卧室空间

配色方案：浅褐色①咖啡色②黑色③

设计主题：黑色边框的装饰画点缀在褐色的温馨卧室空间中，在灯光的映照下，显得非常优雅、协调，与床上布艺相映成趣，令空间的温馨氛围更加活跃。

2 玫瑰红色吊灯点缀温馨卧室空间

配色方案：深褐色①灰色②茶色③玫瑰红色④

设计主题：玫瑰红色吊灯毋庸置疑是这间卧室的视觉焦点，装饰效果显明，与带有米黄色灯罩的落地灯相映成趣，营造出温馨的卧室空间氛围。

配色方案： 棕红色①黑色
②白色④灰绿色④

设计主题： 布置在床头柜
和卧室角落处的白色瓷瓶，
与灰绿色墙面搭配得非常协
调，并与台灯相呼应，营造
出优雅的温馨空间氛围。

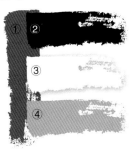

4 温馨的棕黄色调卧室空间

配色方案： 棕黑色①黄栌色②浅黄色③

设计主题： 在床头灯的映照下，卧室空间的墙
面显出一片的棕黄色，使得空间充满了温馨气息。

5 素雅装饰画装扮卧室空间

配色方案： 棕色①灰色②
藕色③

设计主题： 素雅的装饰画
点缀灰红色卧室空间，与台
灯相映成趣，营造出温馨、
甜蜜的卧室空间氛围。

6 鲜花点缀温馨卧室空间

配色方案： 灰绿色①黑色②姜黄色③

设计主题： 主人的卧室宽敞、明亮、通透，茶几上
鲜艳的花卉与空间角落处的绿色植物，为温馨的卧室空
间增添了不少情趣。

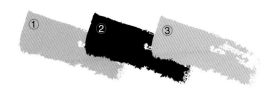

▼ 鲜花总是无私地将自己的馨香奉献给房屋主人。

7 清新优雅的卧室空间

配色方案：灰色①暗紫色②乌黑色③

设计主题：清新优雅的卧室空间，温馨、甜蜜，金色边框的装饰画与深灰绿色调墙面十分搭配，与带有暗紫色灯罩的台灯相呼应，使得卧室空间的温馨气息更加浓重。

▼ 卧室空间的温馨气息，是灯光与墙面相映衬的效果。

▼ 台灯的橘红色的光芒，总能增添温馨的气息。

8 优美台灯装点温馨卧室空间

配色方案：黄色①棕红色②深褐色③

设计主题：创意独特的台灯点缀灰茶色调卧室空间，优雅、协调，加上白色抱枕的陪衬，凸显出独特的装饰效果。

第八章　豪华色系装扮卧室空间 ↘

卧室的豪华让人有种做贵族的感觉。在豪华美艳的卧室中生活是不是有种置身梦境的感觉？赶快来品味这些用豪华色系装扮的卧室案列，然后动手装扮你的卧室空间吧！

家居装修中，卧室的装修观念正在发生本质的变化。豪华色系为主打的卧室，色泽沉稳却散发着贵金属气息，彰显着人们正在向"高品质"迈进。豪华的卧室装修已经成为成功人士的最爱。

8.1　典雅豪华的卧室

如果有这样一间吊有晶莹剔透的水晶吊灯、布置着以金色为主色调家具的卧室，在墙镜的映照下，显现在眼前的当然是一个金碧辉煌的世界，你一定会感叹它的奢华，佩服设计师的独具匠心。比如，用金色玻璃做的背景墙，在银白色吊灯的映射下，就能营造出豪华氛围。

1　典雅的白色调卧室

配色方案： 胭脂色①棕黑色②象牙白色③

设计主题： 白色调卧室空间，宽敞、明亮、通透，白色墙面在充足的光照下，凸显典雅豪华气质。

2　神秘豪华卧室空间

配色方案： 橙色①白色②昏黄色③金黄色④

设计主题： 黑色墙面为这间豪华卧室空间添加了神秘感，加上金色花纹边框镜面的陪衬，令卧室空间的豪华气息更加浓重。

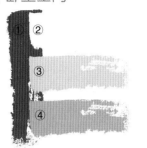

◀白色壁炉的浮雕，蕴含着豪华气息。

3 赭色壁纸装扮豪华卧室空间

配色方案：赭色①淡黄色②灰白色③金黄色④

设计主题：赭色壁纸墙面，豪华气息非常浓重，加上雅致床靠背的映衬，凸显出豪华卧室空间的独特魅力。

4 金色壁纸装扮卧室空间

配色方案：金色①灰色②白色③

设计主题：卧室的金色壁纸墙面，与白色墙面、吊顶协调搭配，在灯光的映照下，极具豪华风采，典雅至极，在金色布艺的映衬下，令空间的豪华氛围更加浓重。

▼卧室墙面由布艺全力打造，豪华、典雅，让人惊叹不已。

5　豪华床背景墙装扮卧室空间

配色方案：浅黄色①棕红色②灰色③

设计主题：主人的卧室空间的床背景墙由价格不菲的玉石打造而成，典雅、豪华，成为卧室空间的一大亮点，极具视觉感染力。

6　黑色豪华卧室空间

配色方案：黑色①白色②深灰色③

设计主题：黑色调卧室空间，无需过多的装饰，就能达到你想要的结果。不过卧室的床具和布艺不能没有豪华气息，否则打造不出黑色的豪华卧室氛围。

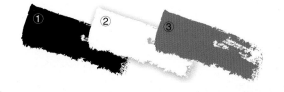

7　金色图案壁纸装扮豪华卧室

配色方案：金色①白色②深灰色③

设计主题：卧室空间的金色壁纸在灯光的映照下，凸显豪华气息，与金色布艺相映成趣，令空间的豪华气息更加浓重。

▼ 米黄色调卧室空间的墙面装饰豪华，令人为之称奇。

栗色地面装扮豪华卧室

配色方案： 金色①紫红色②栗色③

设计主题： 豪华卧室空间的地面与其他装饰形成显明对比，给人产生深刻印象。

▼ 壁纸搭配红铜色花纹的床背景墙，营造出典雅、豪华的卧室空间气息。

9 落地镜装扮豪华卧室空间

配色方案： 乌黑色①金色②浅灰色③

设计主题： 纯净的镜面令空间在视觉上变大了许多，使得映照在镜面里的咖啡色调背景墙所带来的豪华气息更加浓烈。

8.2 古典豪华的卧室空间

古典卧室设计，充实和丰富了我们现在的都市生活，既为行家所欣赏，又为大众所喜爱。由豪华色系装扮的卧室空间，点缀上古典、华丽的家具，便能打造出古朴的卧室氛围。

◀ 木质的梳妆台散发着浓重的古典气息。线条感的流畅设计加上金黄色调的装饰使其更具有华丽特色和贵族感。

---

1 床具装扮浅黄色调卧室空间

配色方案：赤金色①橙黄色②栗色③

设计主题：带有脚踏的栗色实木家具点缀尊贵的浅黄色调卧室空间，搭配床上布艺，打造出协调、优雅的卧室空间。

---

2 床头柜点缀豪华的卧室空间

配色方案：乌黑色①白色②藕色③

设计主题：带有金色花纹的白色床头柜与白色底灰色花朵图案的壁纸非常搭配，与价格不菲的床头灯、布艺窗帘相映成趣，营造出优雅、高贵的卧室空间氛围。

▼ 床具的豪华不言而喻。

3 白色衣柜点缀卧室空间

配色方案：浅茶色①白色②灰色③黑色

设计主题：白色的衣柜与昂贵的床上布艺相映衬，加上台灯的陪衬，营造出尊贵、温馨的卧室空间氛围。

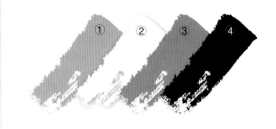

4 梳妆柜点缀卧室空间

配色方案：棕黑色①咖啡色②浅黄色③

设计主题：华贵的梳妆柜点缀咖啡色调卧室空间，优雅、大气，在台灯灯光的映照下，令卧室的豪华气息更加浓重。

5 豪华床具点缀卧室空间

配色方案：藕色①白色②赤金色③暗紫色④

设计主题：金色镶边的床具点缀暗紫色调卧室空间，颇具豪华气息，在台灯灯光的映照下，凸显其装饰效果。

▲创意独特的铁艺座椅，工艺价值相当高。

6 黑色梳妆柜点缀卧室空间

配色方案：绿色①深红色②浅黄色③

设计主题：镶有金边的黑色梳妆柜点缀豪华卧室空间，典雅、协调，与落地灯相映成趣，装饰效果显明。

▶ 银色床具搭配银色床头柜，凸显豪华气息。

7 低调的豪华卧室空间

配色方案：棕黄色①棕黑色②黑色③

设计主题：黄色调卧室空间，明亮、雅致，价格不菲的乌木柱子床起到了点睛作用，颇具视觉感染力。

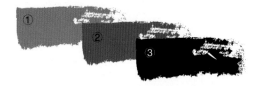

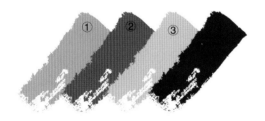

8 沙发点缀卧室空间

配色方案： 枯黄色① 酱紫色② 赤金色③ 玫瑰红色④

设计主题： 主人的卧室通透、大气，有足够的空间布置沙发和茶几。沙发与床上赤金色布艺相映成趣，营造出典雅、豪华的卧室空间氛围。

▼ 质感突出、造型精美的床具，只有布置在豪华卧室空间，才能体现出其本身的价值。

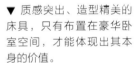

9 白色茶几点缀卧室空间

配色方案： 白色① 乌黑色② 浅灰色③

设计主题： 主人的卧室空间是一片靓丽的白，白色的床头柜与吊灯相呼应，优雅、风趣，有着显明的装饰效果。

8.3 布艺装饰豪华卧室

　　要将卧室营造出层次丰富、色彩丰富的豪华视觉效果，可以把有着雍容、华丽色调的布艺，作为调和空间的装饰品。也可以把，有光泽感的窗帘、床褥等与金棕色、褐色系的墙面作搭配，必会随着光线的改变让卧室呈现出不同的感觉来。

---

1 灰色布艺装扮豪华卧室

配色方案：绯红色①深绿色②浅黄色③

设计主题：灰色床上布艺在灯光的映照下，散发着华贵气息，与典雅的床具形成唯美搭配，加上窗帘的陪衬，营造出豪华的卧室空间气息。

2 红色布艺装扮卧室空间

配色方案：茶色①棕红色②白色③

设计主题：淡赭色床上布艺与茶色窗帘相映成趣，与帷幔搭配得非常协调，令卧室空间的豪华气息更加浓重。

▶ 颇具豪华感的地毯，接触舒适，是豪华装饰的最佳选择。

3 茶色布艺装扮豪华卧室

配色方案：乌黑色①淡黄色②深灰色③浅茶色

设计主题：主人卧室空间的茶色布艺与黑色地毯和白色吊顶搭配得非常融洽，加上吊灯灯光的映衬，营造出豪华的卧室空间氛围。

4 金色床褥点缀豪华卧室空间

配色方案：金色①浅灰色②绯红色③枯黄④

设计主题：豪华却非常低调的淡色调卧室空间，金色床褥搭配小地毯，协调、优雅，颇具装饰效果。

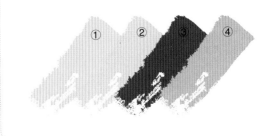

▶ 图案精美，质感突出的高档地毯，其豪华气息特别浓烈。

5

金色布艺装扮卧室空间

配色方案：白色①棕黑色②金色③

设计主题：主人卧室空间的布艺为明亮的①颇具豪华气息的金色和黄绿色，是这个卧室空间的一大亮点。

6

黑色布艺点缀豪华卧室空间

配色方案：暗粉红色①白色②黑色③

设计主题：黑色花纹图案的床上用品点缀豪华的暗粉红色调卧室空间，与吊灯相映成趣，装饰效果独特。

7

华贵布艺点缀豪华卧室空间

配色方案：黄栌色①黑色②浅绛紫色③

设计主题：主人卧室空间的布艺华贵、靓丽，豪华气息非常浓烈，与黑色床具搭配，装饰效果明显。

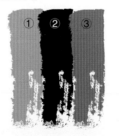

8 优雅布艺装扮豪华卧室

配色方案：黑色①橙黄色②紫色③

设计主题：典雅的帷幔、窗帘在台灯的
映照下，洋溢着温馨的豪华气息。

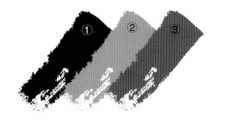

9 银灰色抱枕装点卧室空间

配色方案：深红色①黑色②
银灰色③

设计主题：栗棕色布艺与吊
灯相呼应，典雅、协调，搭配显
贵的银灰色抱枕，营造出豪华的
卧室空间氛围。

10 黑金色诠释华丽卧室

配色方案：赤金色①枯黄色
②黑色③

设计主题：黑色调的卧室空
间，点缀着典雅、豪华的金色
床褥，令空间的豪华气息浓重
了许多。

▼ 黑色的帷幔搭配棕黑色的床褥，是另一类低调的豪华卧室。

8.4 豪华卧室的装饰饰品

想要打造出你心中最理想的豪华卧室，除了昂贵的古典家具和华丽的布艺之外，还要拥有几件艳丽色彩的小件装饰品，并将打造的重点集中在床的四周。床头的挂画以及台灯等小装饰，则能起到画龙点睛的作用。

1 精美吊灯点缀豪华卧室空间

配色方案：暗紫色①银灰色②灰黑色③

设计主题：主人卧室的豪华，是素雅低调的豪华，精美的吊灯与床头柜上的瓶花相映成趣，凸显优异的装饰效果。

2 台灯点缀豪华卧室空间

配色方案：白色①银灰色②灰黑色③

设计主题：台灯在灰色调空间中，显得极为优雅，与墙面挂饰品相呼应，加上镜子的映衬，营造出豪华的卧室空间氛围。

◀ 古朴、典雅，洋溢着丝丝豪华气息。

▶ 优雅、别致，有着华贵的气质。

3 优雅台灯点缀卧室空间

配色方案：银灰色①浅茶色②白色③

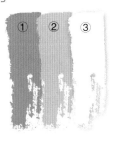

设计主题：典雅的台灯，造型精美，与两只红酒杯相映成趣，营造出独特的豪华卧室空间氛围。

4 相框点缀豪华卧室空间

配色方案：浅褐色①银灰色②浅灰色③

设计主题：布置在床头柜上的一大一小的相框与带有银灰色灯罩的台灯相映衬，在灯光的映照下，令卧室空间的豪华气息更加浓重。

▼ 卧室空间的绿色植物与台灯相呼应，营造出豪华的卧室空间氛围。

▶ 华贵的白色毛皮饰品搭配黄色床单，并与落地灯相映成趣，营造出豪华的卧室空间氛围。

5 装饰画装点卧室空间

配色方案：黑色①橙黄色②深灰色③绿色④

设计主题：装饰画、台灯与绿色植物的布置、搭配，非常协调，是豪华卧室空间的一个视觉焦点。

6 床头灯点缀豪华卧室空间

配色方案：黑色①棕黑色②浅黄色③深绯红色④

设计主题：床头灯与吊灯相呼应，加上两盏台灯的陪衬，令卧室空间的豪华气息更加浓重。

5

6